Barbara Heußen

Wahrscheinlichkeits-rechnung verstehen und anwenden

MANZ VERLAG

Manz Verlag

Lektorat: Konrad Böheim, Ergolding
Umschlaggestaltung: Zembsch' Werkstatt, München
Satz: Grafoline T . B . I . S GmbH, Leinfelden-Echterdingen
Druck: Druckhaus Beltz, Hemsbach
Printed in Germany

ISBN 3-7863-3083-2

Infos zu diesem Buch

Diese Lernhilfe beschäftigt sich mit dem Thema Wahrscheinlichkeitsrechnung und Statistik, was oft auch als Stochastik bezeichnet wird. In der Schule zieht sich dieses Thema ab dem 5. Schuljahr bis in die Sekundarstufe II, ja bis zum Abitur, hindurch. In jedem Schuljahr werden Themenbereiche der Wahrscheinlichkeitsrechnung behandelt, wobei ständig auf das Vorwissen der früheren Schuljahre zurück gegriffen wird. Von Jahr zu Jahr wächst dieses Vorwissen, das zum Verständnis des neuen Stoffes unverzichtbar ist.

Manchmal werden Themenbereiche aus der Wahrscheinlichkeitsrechnung nur am Rande behandelt, manchmal dagegen sehr intensiv bearbeitet. Aber kaum ein Gebiet der Mathematik beschäftigt alle Menschen im Alltag so häufig wie dieses. Keine Zeitungslektüre, fast keine Nachrichtensendung oder -report ist möglich, ohne dass man mit statistischen Aussagen konfrontiert wird. Die Werbung benutzt solche Aussagen als Verkaufsargumente, die Wettervorhersage überrascht mit immer neuen Zahlenspielereien in ihren Prognosen. Wie soll man solche Aussagen verstehen? Wie soll man vielleicht selbst erhobene Daten richtig darstellen und bewerten? Verständnis ist wichtig, sonst fällt man auf falsche Argumente herein, oder hat selbst keine guten Argumente.

Dieses Buch bringt die wichtigsten Grundbegriffe der Wahrscheinlichkeitsrechnung und Statistik. Anhand von Beispielen werden diese Begriffe erläutert und in ihrer Bedeutung beleuchtet. Der Leserin und dem Leser sei empfohlen, diese Beispiele „aktiv“ zu lesen, d. h. Lösungsvorschläge zunächst selbst zu erarbeiten. Sei dabei nicht überrascht, wenn dein „gesunder Menschenverstand“ nicht mit der Lösung übereinstimmt. Gerade in der Wahrscheinlichkeitsrechnung gibt es oft Lösungen, die viele nicht erwartet haben.

Aufgaben am Ende jedes Kapitels ermöglichen eine weitere Einübung in die Begriffe und Fragestellungen des jeweiligen Kapitels. Die Lösungen dazu sind in einem eigenen Lösungsteil enthalten.

Das Inhaltsverzeichnis am Anfang des Buches und das Stichwortverzeichnis am Schluss erleichtern die gezielte Bearbeitung einzelner Aufgabenstellungen und Begriffe.

Viel Spaß bei der Expedition ins Reich der Wahrscheinlichkeitsrechnung und Statistik wünscht

die Verfasserin.

Inhaltsverzeichnis

A Erhebungen, Spiele, Experimente

Wie man zufällige Beobachtungen beschreiben kann

1 Ergebnis

In der Wahrscheinlichkeitsrechnung und in der Statistik werden Vorgänge betrachtet, deren Ausgang oder Ergebnis noch nicht bekannt oder zufällig ist.

Solche Vorgänge, auch Zufallsexperimente genannt, können statistische Erhebungen sein wie eine Verkehrszählung, eine Reihenuntersuchung oder eine Umfrage über das Freizeitverhalten von Schülern.

Welche Fahrzeuge zu erwarten sind (PKW, LKW, Motorräder, andere Zweiräder, sonstige) ist bekannt, doch wie viele Fahrzeuge von jeder Sorte an einem bestimmten Tag zu einer bestimmten Uhrzeit an einer festgelegten Stelle vorbei kommen, ist unbekannt und zufällig. Wird nämlich eine weitere Verkehrszählung an derselben Stelle an einem anderem Tag oder zu einer anderen Uhrzeit durchgeführt, können andere Ergebnisse beobachtet werden.

Als Zufallsexperiment können wir auch Spiele auffassen. Bei einem Würfelspiel mit einem fairen Würfel ist bekannt, dass als Ergebnis eine Zahl zwischen 1 und 6 erscheint, doch welche Zahl beim nächsten Wurf oder welche Zahlenfolge bei den nächsten drei Würfen erscheint, ist unbekannt, ist zufällig.

Eine Fahrscheinkontrolle im Bus kann man ebenso als Zufallsexperiment betrachten. Der Kontrolleur trifft auf Fahrgäste mit oder ohne Fahrschein. Dies sind die möglichen Ergebnisse, die vorher bekannt sind. Aber wie viele Fahrgäste er an einem bestimmten Tag zwischen 11.00 h und 12.00 h in einer bestimmten Linie ohne Fahrschein erwischt, ist unbekannt, ist zufällig.

Lesen wir in der Zeitung über Verkehrszählungen oder die Glückssträhne eines Spielers, so freuen wir uns vielleicht mit dem Gewinner oder bedauern die Anwohner einer stark befahrenen Straße.

In der mathematischen Wahrscheinlichkeitsrechnung und Statistik wird versucht, die Gesetzmäßigkeiten unter den zufälligen Ergebnissen aufzudecken und zu untersuchen.

Vorgänge, bei denen das Ergebnis noch nicht bekannt oder zufällig ist, werden als **Zufallsexperiment** bezeichnet. Alle möglichen Ergebnisse eines Zufallsexperimentes werden zu einer Menge zusammengefasst. Diese Menge nennt man **Ergebnismenge S.**

Beispiel: Urne

Ein Gefäß, in der Wahrscheinlichkeitsrechnung meist Urne genannt, enthält 5 Kugeln, die jeweils mit einem der Buchstaben a, e, i, o oder u beschriftet sind.

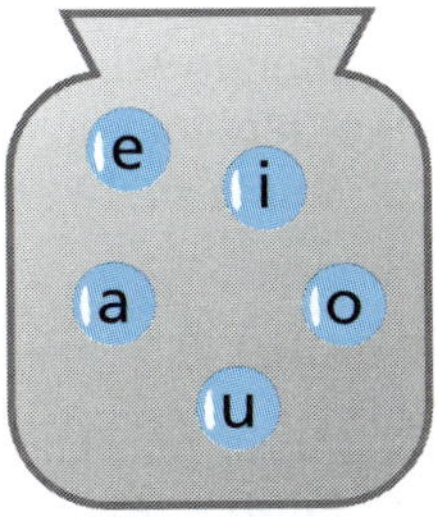

Die Ergebnismenge für den Vorgang, mit einem Griff in die Urne eine Kugel herauszunehmen, ist:
Ergebnismenge S = {a, e, i, o, u}
Anzahl der möglichen Ergebnisse: |S| = 5

Beispiel: Pfeilwurf

Ein Pfeil wird auf eine Scheibe geworfen, die in sechs Sektoren eingeteilt ist. Die Sektoren sind abwechselnd mit den Nummern 2, 4 und 6 beschriftet. Bleibt der Pfeil in einem der Sektoren stecken, so wird die dort eingetragenen Zahl als Ergebnis des Spiels gewertet. Fällt der Pfeil herunter oder trifft er die Scheibe nicht, so werden 0 Punkte als Ergebnis gezählt.

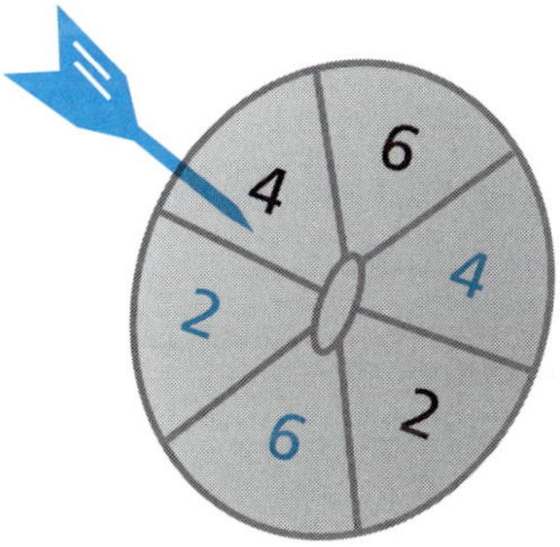

Ergebnismenge S = {2,4,6,0}
Anzahl der möglichen Ergebnisse: |S| = 4

Beispiel: Klassensprecherwahl

In einer Schulklasse soll ein(e) Klassensprecher(in) und ein(e) Stellvertreter(in) gewählt werden. Martin, Thomas, Julia und Claudia sind bereit, sich wählen zu lassen. Klassensprecher(in) und Stellvertreter(in) sollen verschiedene Personen sein.

Die Ergebnisse der Wahl können als geordnetes Paar (Klassensprecher/in| Stellvertreter/in) angegeben werden.
Ergebnismenge S = {(M|T), (M|J), (M|C), (T|M), (T|J), (T|C), (J|M), (J|T), (J|C), (C|M), (C|T), (C|J)}
Anzahl der möglichen Ergebnisse: |S| = 4 · 3 = 12

Wenn die Klasse zusätzlich vereinbart, dass nicht zwei Mädchen und nicht zwei Jungen gewählt werden dürfen, so verändert sich die Ergebnismenge.

Ergebnismenge S = {(M|J), (M|C), (T|J , (T|C), (J|M), (J|T), (C|M), (C|T)}
Anzahl der möglichen Ergebnisse: |S| = 4 · 2 = 6

2 Einstufige und mehrstufige Zufallsexperimente

Bis jetzt haben wir Zufallsexperimente betrachtet, die in einem Schritt durchgeführt werden. Im Folgenden werden wir Beispiele vorstellen, bei denen das Zufallsexperiment in mehrere Schritte oder Stufen unterteilt werden kann.

Beispiel A:

Spielführer und Mannschaftssprecher
Eine Fußballmannschaft wählt in einem ersten Wahlgang ihren Spielführer und in einem 2. Wahlgang ihren Mannschaftssprecher.
Drei Spieler, **P**eter, **U**we und **J**ochen, stehen für diese Aufgaben zur Verfügung.
Es ist möglich, dass ein Spieler beide Aufgaben übernimmt.

Wahl des Spielführers:

Wahl des Manschafts-sprechers:

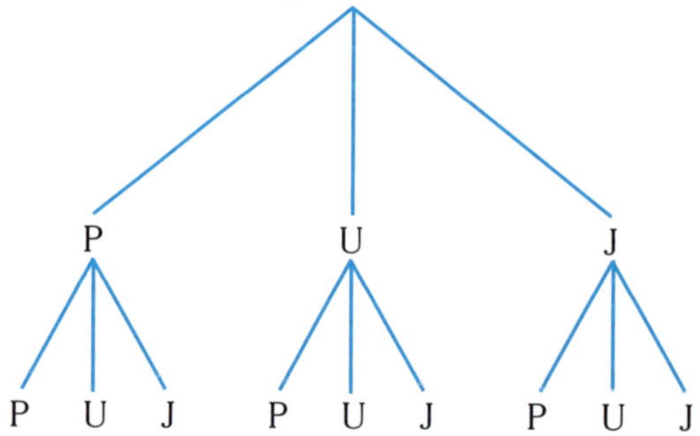

Ergebnis: (P|P)(P|U)(P|J) (U|P)(U|U)(U|J) (J|P)(J|U)(J|J)

Ergebnismenge S = {(P|P), (P|U), (P|J), (U|P), (U|U), (U|J), (J|P), (J|U), (J|J)}
Anzahl der möglichen Ergebnisse: $|S| = 3^2 = 9$.

Dieses Beispiel ist ähnlich wie das Beispiel zu Klassensprecherwahl. Hier wurde jedoch zur Ermittlung der Ergebnismenge ein Baumdiagramm benutzt.

Zufallsexperimente, die sich in 2 oder mehr Stufen durchführen lassen, kann man durch ein **Baumdiagramm** veranschaulichen, falls in jeder Stufe nur endlich viele (und für eine übersichtliche Darstellung nicht zu viele) Ergebnisse möglich sind. Jeder Pfad des Baumdiagramms entspricht dann einem der möglichen Ergebnisse des Zufallsexperimentes.

Beispiel B:

Spielführer und Mannschaftsprecher
Wie im obigen Beispiel wählt eine Fußballmannschaft in einem ersten Wahlgang ihren Spielführer und in einem 2. Wahlgang ihren Mannschaftssprecher. Drei Spieler stehen für diese Aufgaben zur Verfügung. Es ist nicht möglich, dass ein Spieler beide Aufgaben übernimmt.

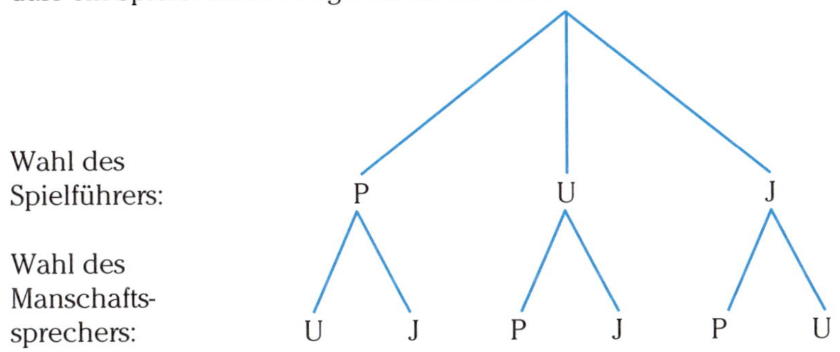

Ergebnis: (P|U) (P|J) (U|P) (U|J) (J|P) (J|U)

Ergebnismenge S = {(P|U), (P|J), (U|P), (U|J), (J|P), (J|U)}
Anzahl der möglichen Ergebnisse: $|S| = 3 \cdot 2 = 6$.

Da die zwei Aufgaben nicht von einem Spieler zusammen übernommen werden dürfen, darf in keinem Ergebnispaar ein Name doppelt vorkommen, er darf sich nicht wiederholen.

Wie wir dem Ergebnis entnehmen können, verringert sich dadurch die Anzahl der möglichen Ergebnisse, zuerst 9 mögliche Ergebnisse, jetzt nur 6 mögliche Ergebnisse.

Das Baumdiagramm ohne Wiederholung unterscheidet sich vom Baumdiagramm mit Wiederholung dadurch, dass der Grad der Verzweigung in der 2. Stufe kleiner ist als in der 1. Stufe.

Beispiel Glücksrad

Ein Glücksrad ist in mehrere Felder eingeteilt, von denen ein Feld als Gewinnfeld gekennzeichnet ist.
Jeder Mitspieler darf höchstens dreimal drehen, jedoch höchstens solange, bis er einen Gewinn erzielt hat.

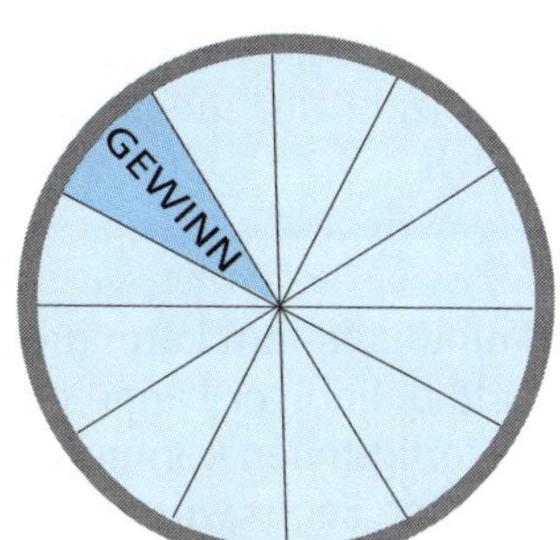

Wir zeichnen für dieses Beispiel ebenfalls ein Baumdiagramm auf. Allerdings entsteht ein ganz anderes Bild:

Mit **G** bezeichnen wir einen Gewinn, mit **N** eine Niete.

1. Drehen:

Ergebnis: N G (G)

2. Drehen:

Ergebnis: N G (N|G)

3. Drehen:

Ergebnis: N G (N|N|G)
(N|N|N)

Ergebnismenge S = {G, (N|G), (N|N|G), (N|N|N)}.
Anzahl der möglichen Ergebnisse: |S| = 4.

Die Ergebnismenge besteht aus verschiedenen Arten von Elementen. In diesem Fall sind es ein Einzelelement, ein Paar und zwei 3-Tupel. Im Baumdiagramm gibt es Pfade unterschiedlicher Länge.

So werden Zufallsexperimente beschrieben, bei denen die nächste Stufe nur bei bestimmten Zwischenergebnissen durchgeführt wird. (In diesem Beispiel bedeutet das Ziehen eines Gewinns den Spielabbruch.)

Beispiel Mensch-ärgere-dich-nicht

Beim Mensch-ärgere-dich-nicht-Spiel darf eine Spielfigur erst aufs Spielfeld gebracht werden, wenn der Spieler eine Sechs gewürfelt hat. Durch ein Zufallsexperiment will man beschreiben, wie viele Würfe ein Spieler braucht, bis er die erste Sechs geworfen hat.

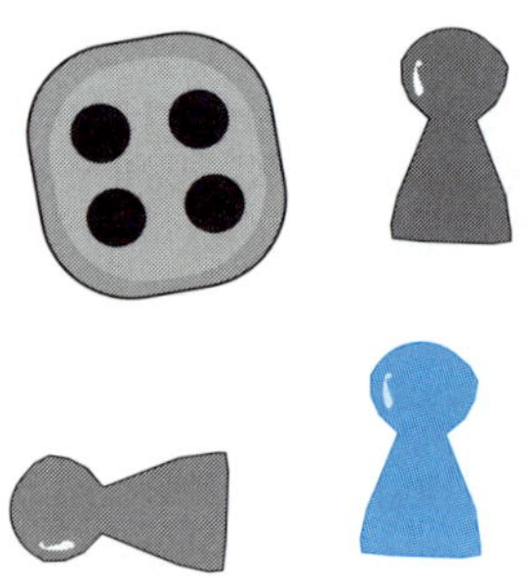

Als Ergebnismenge können wir festgelegen für die Anzahl der Würfe:
Ergebnismenge S = {1, 2, 3, 4,.....} = $\mathbb{N}$
Die Anzahl der möglichen Ergebnisse ist unendlich.

Ein Baumdiagramm kann dieses Zufallsexperiment nicht vollständig beschreiben, da Pfade beliebiger Länge gezeichnet werden müssten und wir nie das Baumdiagramm fertigstellen könnten. Wir wissen ja nie, wie oft jemand würfeln muss, bis er endlich eine Sechs würfelt.

3 Ereignis

Manchmal interessiert uns nicht ein einzelnes Ergebnis, sondern nur, ob eines von mehreren möglichen Ergebnissen eines Zufallsexperimentes beobachtet wird. Wir wollen dies an einigen Beispielen verdeutlichen.

Beispiel Monopoly

Beim Monopoly-Spiel möchte Jan die Schlossallee kaufen. Dafür muss er auf dieses Feld kommen. Er steht 10 Felder davor. Er darf laut Spielregeln mit zwei Würfeln werfen.
Mit welcher Kombination der Augenzahlen der beiden Würfel er 10 Felder vorrücken darf, ist ihm egal.

Wir schreiben zuerst einmal alle möglichen Kombinationen auf und erhalten damit die Ergebnismenge: S = {(1|1), (1|2), (1|3), (1|4), (1|5), (1|6), (2|1), (2|2), (2|3), (2|4), (2|5), (2|6), (3|1), (3|2), (3|3), (3|4), (3|5), (3|6), (4|1), (4|2), (4|3), (4|4), (4|5), (4|6), (5|1), (5|2), (5|3), (5|4), (5|5), (5|6), (6|1), (6|), (6|3), (6|4), (6|5), (6|6),}

Anzahl der möglichen Ergebnisse: $|S| = 6 \cdot 6 = 6^2 = 36$

Wir erhalten die Ergebnismenge, indem wir zuerst die Wurfmöglichkeiten aufschreiben, wenn der erste Würfel eine 1 zeigt, dann eine 2, dann eine 3 usw.

Nun suchen wir die für Jan günstigen Wurfergebnisse heraus. Die gewünschte Augenzahl wird erreicht, wenn eines der folgenden Ergebnissen aus der Menge E eintritt: E = {(4|6), (5|5), (6|4)}

Eine Menge von Ergebnissen wird **Ereignis** eines Zufallsexperimentes genannt. Ein Ereignis ist also eine beliebige Teilmenge der Ergebnismenge.

Ein Ereignis tritt ein, wenn das beobachtete Ergebnis Element des Ereignisses ist. Ein Ereignis tritt nicht ein, wenn das beobachtete Ergebnis nicht Element des Ereignisses ist.

Eine einelementige Ereignismenge nennt man **Elementarereignis.** $|E| = 1$.

Die gesamte Ergebnismenge E = S heißt **sicheres Ereignis.** Es tritt immer ein.

Die leere Menge E = { } nennt man das **unmögliche Ereignis.** Es tritt nie ein.

Enthält die Ergebnismenge n verschiedene Elemente, so gibt es 2^n verschiedene Ereignisse.

Beispiel Tennisspiel

Bei einem Tennisspiel mit höchstens 5 Sätzen wird solange gespielt, bis einer der beiden Spieler 3 Sätze gewonnen hat. Dieser Spieler ist dann auch Gewinner des gesamten Spieles.

Wir schreiben wieder alle möglichen Spielverläufe auf, um die Ergebnismenge angeben zu können. Dabei müssen wir beachten, dass nach 3 Siegen von einem der Spieler das gesamte Spiel zu Ende ist.

Ergebnismenge für dieses Zufallsexperiment:
S = {(A|A|A), (B|B|B), (A|A|B|A), (A|B|A|A), (B|A|A|A), (B|B|A|B), (B|A|B|B), (A|B|B|B), (A|A|B|B|A), (A|B|A|B|A), (B|A|A|B|A), (B|B|A|A|A), (B|A|B|A|A), (A|B|B|A|A), (A|A|B|B|B), (A|B|A|B|B), (B|A|A|B|B), (B|B|A|A|B), (B|A|B|A|B), (A|B|B|A|B)}
Anzahl der möglichen Ergebnisse: |S| = 20

- Ereignis, dass nur 3 Sätze gespielt werden: C = {(A|A|A), (B|B|B)}
  Anzahl der möglichen Ergebnisse für dieses Ereignis: |C| = 2

- Ereignis, dass genau 4 Sätze gespielt werden:
  D = {(A|A|B|A), (A|B|A|A), (B|A|A|A), (B|B|A|B), (B|A|B|B), (A|B|B|B)}
  Anzahl der möglichen Ergebnisse für dieses Ereignis: |D| = 6

- Ereignis, dass B gewinnt:
  E = {(B|B|B), (B|B|A|B), (B|A|B|B), (A|B|B|B), (A|A|B|B|B), (A|B|A|B|B), (B|A|A|B|B), (B|B|A|A|B), (B|A|B|A|B), (A|B|B|A|B)}
  Anzahl der möglichen Ergebnisse für dieses Ereignis: |E| = 10

- Ereignis, dass A in 3 Sätzen gewinnt:
  F = {(A|A|A)}
  Anzahl der möglichen Ergebnisse für dieses Ereignis: |F| = 1
  Dieses Ereignis ist ein Elementarereignis, da die Ereignismenge aus einem Element besteht.

Wir gehen wieder zu unserem Urnenbeispiel, da sich damit viele Problemstellungen der Wahrscheinlichkeitsrechnung sehr gut und überschaubar darstellen lassen.

Beispiel Urne:

In einer Urne befinden sich:
eine weiße Kugel mit der Aufschrift a;
zwei grüne Kugeln, die mit b und c beschriftet sind;
drei blaue Kugeln, beschriftet mit d, e und f;
sowie vier rote Kugeln, beschriftet mit g, h , i und j.

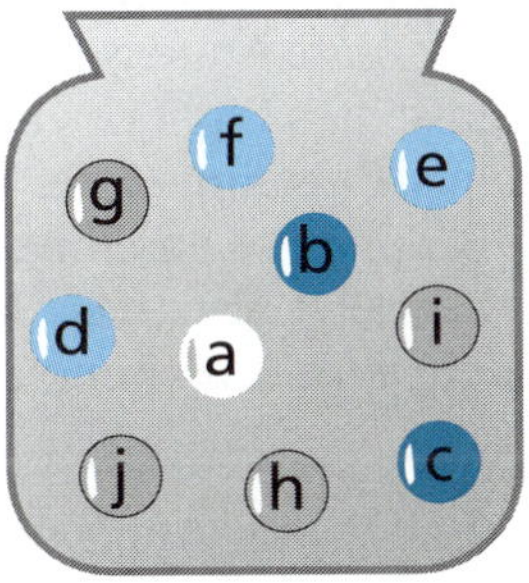

Ergebnismenge für dieses Zufallsexperiment:
$S = \{a, b, c, d, e, f, g, h, i, j\}$
$|S| = 10$

Wir wollen wissen, wie das Ereignis aussieht, dass eine blaue Kugel gezogen wird:
$A = \{d, e, f\}$
$|A| = 3$

Beispiel Münzen:

Uta hat in ihrer Geldbörse 7 Münzen, und zwar:
- 2 Fünf-Cent-Stücke,
- 1 Zehn-Cent-Stück,
- 2 Fünfzig-Cent-Stücke,
- 1 Ein-€-Stück und
- 1 Zwei-€-Stück.

Wir wollen das Ereignis bestimmen, dass drei herausgenommene Münzen genau den Wert von 1,10 € haben:
E = {(5 ct | 5 ct | 1 €), (10 ct | 50 ct | 50 ct)}
$|E| = 2$

4 Ereignisoperationen

Beispiel Zwei Konzertkarten:

Auf einem Fest wird eine Verlosung durchgeführt. Hauptgewinn sind zwei Eintrittskarten für ein Konzert. In der Lostrommel sind 1000 Lose mit den Nummern 1 bis 1000.
Birgit zieht drei Lose. Sie haben die Nummern 201, 513, 749.
Ihre Freundin Anne zieht auch drei Lose mit den Losnummern 75, 311, 989.
Beide verabreden sich, dass jede bei Gewinn der Eintrittskarten die andere als 2. Person zum Konzert mitnimmt.
Bei welchen gezogenen Losnummern kann der Konzertbesuch von Birgit und Anne stattfinden?

Beschreibung des Zufallsexperimentes

Ergebnismenge für das Gewinnlos:	S = {1, 2, 3, 4, …, 1000}
Ereignis, dass Anne gewinnt:	A = {75, 311, 989}
Ereignis, dass Birgit gewinnt:	B = {201, 513, 749}
Ereignis, dass Anne oder Birgit gewinnt:	$A \cup B$ = {75, 311, 989, 201, 513, 749}

($A \cup B$: Sprich: A vereinigt B.)

Das bedeutet also, dass Anne oder Birgit gewinnen muss, damit sie den Konzertbesuch genießen können.

$A \cup B$ tritt ein, wenn **mindestens** eines der beiden Ereignisse A oder B eintritt.
$A \cup B = \{e | e \in A \text{ oder } e \in B\}$ ist die **Vereinigung** der beiden Ereignisse A und B.

$A \cap B$ tritt ein, wenn **sowohl** das Ereignis A **als auch** das Ereignis B eintritt.
$A \cap B = \{e | e \in A \text{ und } e \in B\}$ ist der **Durchschnitt** der beiden Ereignisse A und B.

Damit bewegen wir uns momentan auch im Bereich der „Mengenlehre", die uns noch einige Male beschäftigen wird. Wir haben ja bisher schon von Ergebnismenge und Ereignismenge gesprochen. Wir werden aber sehen, dass uns die Mengenlehre bei vielen Fragestellungen der Wahrscheinlichkeitsrechnung helfen wird.

Beispiel Lostrommel

In einer Lostrommel befinden sich außer den Nieten jeweils mehrere Los mit den Nummern 1 bis 30.
Bernd zieht nacheinander 2 Lose.

Ergebnismenge:
S = {(1|1), (1|2), (1|3), (1|4), …, (2|1), (2|2), (2|3), …, (29|30), (30|30), (1|Niete), (2|Niete), …, (30|Niete), (Niete|Niete)}

- Das Ereignis, dass Bernd, der am 5. 12. Geburtstag hat, als erstes den Tag seines Geburtsdatums zieht, lautet:
  A = {(5|1), (5|2), (5|3), (5|4), …, (5|30), (5|Niete)}

- Das Ereignis, dass Bernd als zweites den Monat seines Geburtsdatums zieht, ist:
  B = {(1|12), (2|12), (3|12), (4|12), …, (30|12), (Niete|12)}

- Das Ereignis, dass Bernd sein Geburtsdatum mit Tag und Monat zieht, ist somit:
  $A \cap B$ = {(5|12)}

Schon wieder sind wir bei der Mengenlehre! Deshalb sollen hier einige wichtige Regeln – gleich bezogen auf die Wahrscheinlichkeitsrechnung – aufbereitet werden.

$\overline{A} = S \setminus A = \{e | e \in S$ und $e \notin A\}$ heißt das **Gegenereignis** von A.

$\overline{A}$ tritt dann ein, wenn A nicht eintritt.

- Ist $\overline{A}$ das Gegenereignis von A, so ist das Gegenereignis von $\overline{A}$ wieder A.
- Das Ereignis, dass mindestens A oder $\overline{A}$ eintritt, also $A \cup \overline{A}$, ist das sichere Ereignis, denn $A \cup \overline{A} = S$.
- Das Ereignis, dass A und $\overline{A}$ eintritt, also $A \cap \overline{A}$, ist das unmögliche Ereignis, denn $A \cap \overline{A} = \{\}$, die leere Menge.

Zur einfachen Bestimmung von Ereignissen und Gegenereignissen können die Regeln der Mengenoperationen benutzt werden, z. B. die de Morganschen Regeln.

de Morgansche Regeln $\overline{A \cup B} = \overline{A} \cap \overline{B}$

$\overline{A \cap B} = \overline{A} \cup \overline{B}$

Beispiel Würfeln mit einem Würfel

Es wird wieder mit einem Würfel gewürfelt.

Die Ergebnismenge für dieses Zufallsexperiment lautet:
S = {1, 2, 3, 4, 5, 6}

- Ereignis A: Eine Zahl größer als 3 wird geworfen. A = {4, 5, 6}
- Ereignis B: Eine gerade Zahl wird geworfen. B = {2, 4, 6}
- Ereignis C: Eine Fünf oder eineSechs wird geworfen. C = {5, 6}
- Ereignis D: Eine gerade Zahl größer als 3 wird geworfen. $A \cap B = \{4, 6\}$
- Ereignis E: Keine gerade Zahl wird geworfen. E = {1, 3, 5}
  Dies ist das Gegenereignis von B.
- Ereignis F: Eine Zahl wird geworfen, die nicht gerade oder nicht größer als 3 ist. F = {1, 3}

Vergleiche mit dem Gegenereignis von $A \cup B$! Wende dafür die de Morganschen Regeln an.

Beispiel Tennisspiel

Es werden die Ereignisse betrachtet wie im Beispiel in Abschnitt 3 dieses Kapitels.

Dazu können die de Morganschen Regeln angewendet werden.

- Ereignis, dass 4 Sätze gespielt werden und B gewinnt:
  $D \cap E$ = {(B|B|A|B), (B|A|B|B), (A|B|B|B)}

- Ereignis, dass mehr als 4 Sätze gespielt werden (Gegenereignis von $C \cup D$):
  $\overline{C \cup D}$ = {(A|A|B|B|A), (A|B|A|B|A), (B|A|A|B|A), (B|B|A|A|A), (B|A|B|A|A), (A|B|B|A|A), (A|A|B|B|B), (A|A|A|B|B), (B|A|A|B|B , (B|B|A|A|B), (B|A|B|A|B), (A|B|B|A|B)}

5 Übungsaufgaben

1. Augensumme
   Es wird mit zwei Würfeln gewürfelt. Als Ergebnis wird die Augensumme der beiden Würfel betrachtet. Gib die Ergebnismenge an. Schreibe sie auf.
   a) Ereignis A: „Die Augensumme ist gerade."
   b) Ereignis B: „Augensumme ist kleiner als 6."
   c) Ereignis C: „Das Gegenereignis von A."
   d) Ereignis D: „Augensumme ist eine durch 4 teilbare Zahl."
   e) $A \cup D$, $C \cup D$, $B \cap D$, $A \cap D$

2. Musikgeschäft
   Fabian geht in ein Musikgeschäft, um sich den Hit seiner Lieblingsband zu kaufen. Er wird gefragt, ob er eine MC, CD oder MD möchte. Dann kann er noch wählen zwischen einem Tonträger, auf dem Stücke nur von seiner Lieblingsband sind oder einem Sampler, auf dem auch andere Stücke anderer Bands aufgespielt sind.
   Erstelle ein Baumdiagramm und gib die Ergebnismenge an.

3. Münzwurf
   Eine Münze wird dreimal geworfen. Jedesmal wird notiert, ob „Kopf" oder „Zahl" oben liegt. Gib die Ergebnismenge sowie folgende Ereignisse an.
   a) Ereignis A: „Genau zweimal liegt Zahl oben."
   b) Ereignis B: „Höchstens einmal liegt Zahl oben."
   c) Ereignis C: „Immer liegt Zahl oben."
   d) Ereignis D: „Gegenereignis von B"

4. Überraschungskiste
In einer Überraschungskiste liegen kleine Geschenke, und zwar Süßigkeiten, Spiele und Buntstifte.
a) Gib die Ergebnismenge an, wenn man dreimal nacheinander in die Kiste greifen darf und von jeder Sorte mehr als drei Dinge liegen.
b) Gib die Ereignismenge A an, wenn man dreimal nacheinander in die Kiste greifen darf und von den Spielen pro Sorte zwei Exemplare in der Kiste liegen.
c) Gib die Ereignismenge B an, wenn von jeder Sorte mehr als drei Dinge liegen, aber man nur ein zweites oder drittes Mal greifen darf, wenn man noch kein Spiel gezogen hat.

B Beschreibende Statistik

Wenn man Ergebnisse von Zufallsexperimenten bewerten will

Daten sammeln, ordnen, in Tabellen und Diagrammen darstellen, das ist die Aufgabe der beschreibenden Statistik. Die Daten sind die Ergebnisse von Zählungen, Befragungen, Messungen und Versuchen.

Die Daten sollen übersichtlich aufbereitet werden, damit sie bewertet werden können. Es ist ebenso wichtig, dass man die erhobenen Daten mit anderen vergleichen kann, die man schon erhoben hat oder noch erheben will.

Kennzahlen wie Mittelwert, Median, Varianz und Standardabweichung helfen dabei. Sie werden in diesem Kapitel erklärt.

1 Absolute und relative Häufigkeit

Die Klasse 6a führt eine Verkehrszählung durch. Die Schülerinnen und Schüler rüsten sich mit Campingstuhl und Trinkflasche, Bleistift und Papier aus. Es wird aber vorher nicht vereinbart, wie die Zählung auf dem Papier festghalten werden soll. Deshalb ist es ganz unterschiedlich, wie sie ihr Blatt Papier vorbereiten.

Peter, bei dem alles ohne große Vorbereitung gehen muss, schreibt außer Ort, Datum und Zeitraum der Zählung nur noch auf, was er zählen soll. Zu zählen sind: PKW, LKW, Motorräder, andere Zweiräder, sonstige Fahrzeuge (wie Busse, landwirtschaftliche Maschinen usw.).
Dies sind die möglichen Ergebnisse des Zufallsexperimentes, das jeweils aus einem Zählvorgang besteht. Er schreibt dann die Fahrzeugarten in der Reihenfolge auf, in der er sie beobachtet hat. Er erstellt eine Urliste

Sein Blatt sieht nach der Zählung so aus:

Neustadt, Hauptstraße; 7.8.2000; 10.00 h–12.00h:
Zu zählen sind PKW, LKW, Motorräder, andere Zweiräder, sonstige Fahrzeuge.

PKW, PKW, PKW, sonst. Zweirad, LKW, PKW, PKW, Motorrad, s. Fahrzeug, LKW, PKW, sonst. Zweirad, ... usw.

Bernd legt sein Blatt als Liste an. In die erste Zeile schreibt er die Fahrzeugarten. Er hat die Liste in Spalten unterteilt. Dann braucht er in jeder Spalte, deren Kopfzeile mit der Fahrzeugart beschriftet ist, nur noch einen Strich zu machen, wenn er ein Fahrzeug dieser Art beobachtet hat.
Bernd hat eine Strichliste angelegt.

Neustadt Ringstraße 07.08.99	PKW	LKW	Motor- räder	sonstige Zweiräder	sonstige Fahrzeuge
Zeitraum 10.00 h – 12.00 h	IIIIIIIIII IIIIIIIIII IIIIIIIIII IIIIIIIIII IIIIIIIIII IIIIII	IIIIIIIIII IIIIIIIIII IIIIII	IIIIIIIIII	IIIIIIIIII II	IIIIIIIIII IIIIII

Lisa ist noch etwas weitsichtiger. Sie denkt daran, dass in der Klasse die Verkehrszählung ausgewertet werden soll (und daran, was im Kapitel A dieses Buches behandelt worden ist). Sie bereitet eine Strichliste vor, bei der sie die Spalten so anordnet, dass sie einige zusammenfassen kann. Somit kann sie auch schon für einige Ereignisse direkt nach der Zählung angeben, wie häufig diese vorgekommen sind.

Neustadt Schultraße 07.08.99	PKW	Motor- räder	sonstige Zweiräder	LKW	sonstige Fahrzeuge
		Z		G	
Zeitraum 10.00 h – 12.00 h	IIIIIIIIII IIIIIIIIII IIIIIIIIII IIIIIIIIII IIIIIIIIII IIIIIIIIII III	IIIIIIIIII III	IIIIIIIIII IIIIIIIII	IIIIIIIIII IIIIIIIIII I	IIIIIIIIII IIII

Lisa hat die Auswertung vorbereitet für die Ereignisse:
P = {PKW}
Z = {Motorräder, sonstige Zweiräder}
G = {LKW, sonstige Fahrzeuge}.

Nach der Zählung sollen die Schülerinnen und Schüler angeben, wie häufig jede Fahrzeugart beobachtet wurde.

Peter muss seine Liste jeweils durchsuchen. Er hat jetzt die meiste Arbeit. Die beiden anderen müssen die Striche nur zählen. So stellen sie fest, wie häufig jedes mögliche Ergebnis eingetroffen ist.

Die gefundenen Anzahl für jedes Ergebnis nennt man die **absolute Häufigkeit des Ergebnisses.**

Lisa gibt auch die absolute Häufigkeit für ihre drei vorbereiteten Ereignisse an.

absolute Häufigkeit	PKW	Motor-räder	sonstige Zweiräder	LKW	sonstige Fahrzeuge	Summe
Peter	85	13	26	33	8	165
Bernd	56	10	12	26	16	120
Lisa	63	**13**	**29**	**21**	**14**	140
gesamt	**63**	**42**		**35**		**140**

Jetzt wollen die Schülerinnen und Schüler ihre Listen vergleichen

- Peter hat mehr LKW als Bernd,
- aber Bernd sagt: „Auf meiner Straße ist der LKW-Verkehr stärker als auf deiner Straße".

Widerspricht sich dies nicht? Haben vielleicht beide recht?

Die Anzahl der gezählten Fahrzeuge bei Peter ist höher als bei Bernd. Bei ihm sind 33 von 165 Fahrzeugen Lkws. Bei Bernd sind es 30 von 120 Fahrzeugen. Bezogen auf die Gesamtzahl ihrer gezählten Fahrzeuge ist der Anteil der Lkws bei Bernd größer.

Bezieht man die absolute Häufigkeit eines Ergebnisses oder Ereignisses auf die Gesamtzahl aller Ergebnisse, so erhält man die **relative Häufigkeit eines Ergebnisses bzw. eines Ereignisses.**

Wenn das Ereignis A dabei H-mal eingetreten ist, so sagt man:

Die absolute Häufigkeit von A beträgt H.

Ein Zufallsexperiment werde m-mal durchgeführt.

$\frac{H}{m}$ **nennt man die relative Häufigkeit von A.**

Man schreibt auch: $h(A) = \frac{H}{m}$

Wir werten obiges Beispiel mit der Verkehrszählung weiter aus.

Peters Zählung ergibt:
Zufallsexperiment 165-mal durchgeführt,
absolute Häufigkeit für das Ergebnis „LKW": 33
relative Häufigkeit für das Ergebnis „LKW": $\frac{33}{165} = \frac{1}{5}$

Wir erstellen für Peter eine Tabelle:

Peter	PKW	Motorräder	sonstige Zweiräder	LKW	sonstige Fahrzeuge	Summe
absolute Häufigkeit	85	13	26	33	8	165
relative Häufigkeit	$\frac{85}{165}$	$\frac{13}{165}$	$\frac{26}{165}$	$\frac{33}{165}$	$\frac{8}{165}$	$\frac{165}{165}$

Folgende Eigenschaften der relativen Häufigkeit h(A) wollen wir festhalten:

Für alle Ereignisse A gilt: $0 \leq h(A) \leq 1$

Dies lässt sich leicht nachvollziehen, denn die absolute Häufigkeit eines Ereignisses liegt zwischen 0 und m, wenn das Zufallsexperiment m-mal durchgeführt worden ist. Also liegt der Quotient aus der absoluten Häufigkeit und m zwischen 0 und 1. Und dieser Quotient ist die relative Häufigkeit

Für das sichere Ereignis S gilt: $h(S) = 1$

Die absolute Häufigkeit für das sichere Ereignis beträgt m. Der Quotient aus m und m, also die relative Häufigkeit, ist somit gleich 1.

Besteht das Ereignis A aus den Elementarereignissen e_i, für i zwischen 1 und k, also aus: $A = \{e_1, e_2, e_3, \dots, e_k\}$, so gilt:

$h(A) = h(e_1) + h(e_2) + h(e_3) + \dots + h(e_k)$

Die relative Häufigkeit eines Ereignisses A lässt sich also als Summe der relativen Häufigkeiten der im Ereignis A zusammengefassten Elementarereignisse berechnen. Wir summieren ja auch bei der absoluten Häufigkeit eines Ereignisses die Anzahlen für die zum Ereignis gehörigen Ergebnisse auf.

Wir haben festgestellt, dass wir mithilfe der relativen Häufigkeit Vergleiche anstellen können. Eine weitere Möglichkeit besteht darin, statt der relativen Häufigkeit den prozentualen Anteil eines Ergebnisses bzw. eines Ereignisses anzugeben. Diese Möglichkeit ist weit verbreitet und durch die Prozentrechnung vielen vertraut.

Der Unterschied zur **relativen Häufigkeit bes**teht darin, dass in der Prozentrechnung der Vergleichswert 100 (lat. pro cent = pro 100) für die Gesamtheit ist und bei der relativen Häufigkeit 1 (1 entspricht der Gesamtheit). Demzufolge berechnet sich der prozentuale Anteil aus der relativen Häufigkeit, indem man diese mit 100 % multipliziert.

Umgekehrt kann die relative Häufigkeit aus dem Prozentwert berechnet werden, in dem man den Prozentwert durch 100 % dividiert.

Wir bleiben bei unserem Beispiel Verkehrszählung und betrachten Lisas Liste.

Lisas Zählung ergibt:
Zufallsexperiment 140-mal durchgeführt
absolute Häufigkeit für das Ergebnis „LKW“: 21

relative Häufigkeit für das Ergebnis „LKW“: $\frac{21}{140} = \frac{3}{20}$

prozentualer Anteil für das Ergebnis „LKW“: $\frac{21}{140} = \frac{3}{20} = \frac{15}{100} = 15\,\%$

absolute Häufigkeit für das Ergebnis „sonst. Fahrzeuge“: 14
relative Häufigkeit für das Ergebnis „sonst. Fahrzeuge“: 0,1
prozentualer Anteil für das Ergebnis sonstige Fahrzeuge: 10 %

absolute Häufigkeit für das Ereignis G = {LKW, sonst. Fahrzeuge}: 35
relative Häufigkeit für das Ereignis G = {LKW, sonst. Fahrzeuge}: 0,25
prozentualer Anteil für das Ereignis G = {LKW, sonst. Fahrzeuge}: 25 %

Wir stellen diese Zusammenhänge aus Lisas Zählung wieder in einer Tabelle dar.

Lisa	PKW	Motorräder	sonstige Zweiräder	LKW	sonstige Fahrzeuge	Summe
absolute Häufigkeit	63	13	29	21	14	140
relative Häufigkeit	$\frac{63}{140}$	$\frac{13}{140}$	$\frac{29}{140}$	$\frac{21}{140}$	$\frac{14}{140}$	$\frac{140}{140} = 1$
prozentuale Häufigkeit in % (gerundet)	45	9,3	20,7	15	10	100

2 Zeichnerische Darstellung der Häufigkeiten

Säulendiagramm zur Verkehrszählung von Peter, Bernd und Lisa:

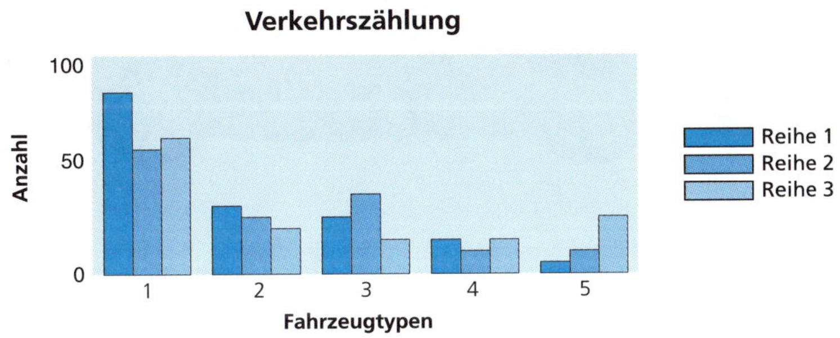

Reihe 1: Peter Reihe 2: Bernd Reihe 3: Lisa

Kreisdiagramm zu Peters Zählung:

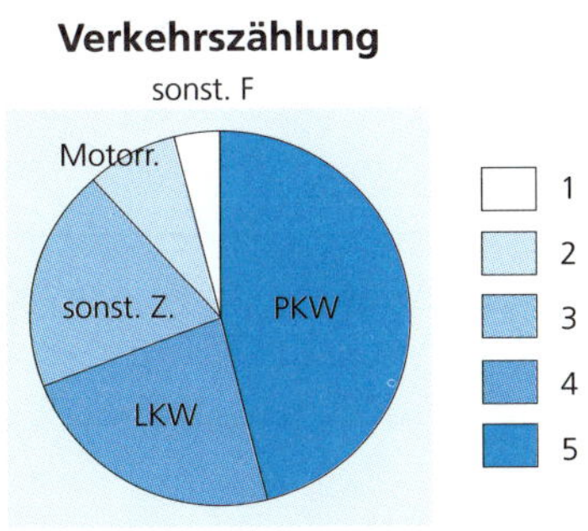

Bereits hier erkennen wir einen wichtigen Unterschied zwischen Säulendiagramm und Kreisdiagramm:
Im Säulendiagramm können die Werte von Peter, Bernd und Lisa verglichen werden. Im Kreisdiagramm dagegen kann nur eine Auswertung verdeutlicht werden. Dafür sind die Zählergebnisse einer Auswertung untereinander gut zu vergleichen.

Piktogramm zu den absoluten Häufigkeiten des Ergebnisses PKW:

Verkehrszählung von **Bernd**: PKW 85

Verkehrszählung von **Peter**: PKW 56

Verkehrszählung von **Lisa**: PKW 63

Auch hier ist ersichtlich, dass im Piktogramm nur nach einem Merkmal verglichen werden kann.

3 Arithmetischer Mittelwert und Median

Unsere Tabelle und grafischen Darstellungen geben uns Auskunft über die Verteilung der Häufigkeiten der verschiedenen Ergebnisse. Im Unterschied zu den hier vorgestellten Beispielen ist aber trotz dieser Hilfsmittel die *Fülle der gesammelten Daten* oft kaum zu überschauen. Deshalb möchte man durch die *Angabe einer oder zweier charakteristischer Kennzahlen eine Information über die Häufigkeitsverteilung* geben.

Beispiel: Klassenarbeit

Welche Note ein Schüler in einer Klassenarbeit erhält, kann er zwar beeinflussen (durch Interesse, Begabung und Üben) und auch der Lehrer würfelt nicht die Note aus. Genau kann aber der Schüler nicht wissen, welche Note er hat, bevor die Arbeit zurückgegeben worden ist. Also können wir die Klassenarbeitsnote als Zufallsexperiment betrachten.

Ergebnismenge $S = \{1, 2, 3, 4, 5, 6\}$
Anzahl der Zufallsexperimente: m
(= Anzahl der Schüler, die die Klassenarbeit mitgeschrieben haben).

Wir erstellen eine Liste für die Noten der Klassenarbeit:

Klasse 8a	1	2	3	4	5	6	Summe
absolute Häufigkeit	2	8	5	5	3	2	25
relative Häufigkeit	$\frac{2}{25}$	$\frac{8}{25}$	$\frac{5}{25}$	$\frac{5}{25}$	$\frac{3}{25}$	$\frac{2}{25}$	1
prozentuale Häufigkeit in %	8	32	20	20	12	8	100

Selbst diese Tabelle ist für einen raschen Überblick noch zu unübersichtlich. Üblich ist es in diesem Fall – wie in vielen anderen Fällen des Alltagslebens –, statt der kompletten Liste nur einen *charakteristischen Wert* anzugeben, den Durchschnitt oder das arithmetische Mittel

Wir berechnen den Durchschnitt:

$$\frac{1+1+2+2+2+2+2+2+2+2+3+3+3+3+3+4+4+4+4+4+5+5+5+6+6}{25} = \frac{80}{25} = 3{,}2$$

Sicherlich wird jeder diese Rechnung vereinfachen, indem er statt 25 Zahlen zu addieren, auch die Multiplikation benutzt:

$$\frac{2 \cdot 1 + 8 \cdot 2 + 5 \cdot 3 + 5 \cdot 4 + 3 \cdot 5 + 2 \cdot 6}{25} = \frac{80}{25} = 3{,}2$$

Der **Durchschnitt** oder das **arithmetische Mittel** der beobachteten Ergebniswerte ist der Quotient aus der Summe der Ergebniswerte und der Anzahl der Ergebniswerte.

Das Zufallsexperiment sei m-mal durchgeführt worden und $e_1, e_2, \ldots, e_m$ seien die beobachteten Werte. Dann gilt:

$$\overline{e} = \frac{e_1 + e_2 + e_3 + \ldots + e_m}{m}$$

Unter Verwendung der absoluten Häufigkeit lässt sich, wie oben gezeigt, das **arithmetische Mittel** auch so berechnen. Dabei seien k verschiedene Ergebnisse beobachtet worden.

$$\overline{e} = \frac{H_1 \cdot e_1 \cdot + H_2 \cdot e_2 + H_3 \cdot e_3 + \ldots + H_k \cdot e_k}{m}$$

Wir wollen die Eigenschaft des arithmetischen Mittels durch eine Grafik verdeutlichen:

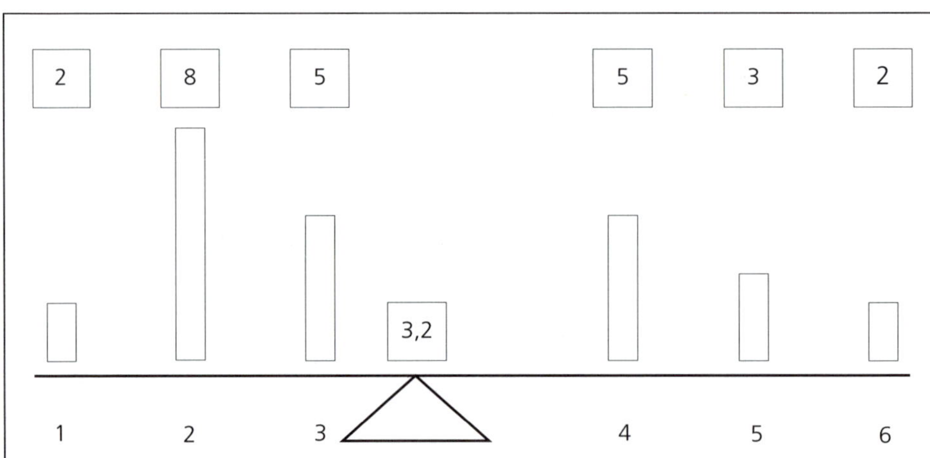

Das **arithmetische Mittel** hat folgende Eigenschaften:
1. Es macht eine Aussage über die **Lage der Ergebniswerte**.
2. Es **balanciert die Ergebniswerte aus,** d. h. die Summe der positiven und negativen Abweichungen vom arithmetischen Mittel ist gleich Null. $(e - e_1) + (e - e_2) + \ldots + (e - e_m) = 0$

3. Es **minimiert die Summe der Quadrate** der Abstände des arithmetischen Mittels von den jeweiligen Ergebniswerten.
4. Man braucht nicht die Ergebniswerte selbst, sondern es genügt zur Berechnung des arithmetischen Mittels, wenn man die Summe der Ergebniswerte kennt.

Welcher Vorteil aufgrund der Eigenschaft 4 darin besteht, dass nicht mehr die einzelnen Werte bekannt sein müssen, sondern nur noch die Summe der Werte, zeigen folgende Beispiele.

Beispiel Pausenbrötchen

Der Hausmeister einer Schule verkauft in der Pause belegte Brötchen. Es kommt eine Gruppe Austauschschüler für eine Woche zu Besuch. Er geht davon aus, dass das „Konsumverhalten“ vergleichbar ist.
Um zu berechnen, wie viele Brötchen ein Schüler im Durchschnitt pro Woche kauft, braucht er nicht alle Schüler zu befragen und ihren Wochenkonsum zu erheben. Es genügt, wenn er die ihm bekannte Summe der verkauften Brötchen nimmt und durch die Anzahl der Schüler dividiert. So erhält er das arithmetische Mittel der Ergebniswerte für das Zufallsexperiment „Brötchenkonsum pro Schüler“.
Die Zusatzlieferung für die Austauschschüler berechnet er aus diesem Mittelwert und der Anzahl der Austauschschüler.

Beispiel Verdienst

Zur Berechnung des durchschnittlicher Verdienst der Beschäftigten einer Firma wird die der Buchhaltung bekannte Summe der Gehälter genommen und nicht das Gehalt jedes einzelnen Beschäftigten aufsummiert. Dann wird durch die Anzahl der Beschäftigten dividiert. So erhält man das durchschnittliche Verdienst.

Beispiel Orangensaftkonsum

Der durchschnittliche Konsum von Orangensaft pro Einwohner der Bundesrepublik Deutschland wird nicht aufgrund einer Umfrage errechnet. Man nimmt die Summe der verkauften Orangensaftmengen als Angabe des Handels und dividiert dann durch die ebenfalls bekannte Anzahl der Einwohner in Deutschland. Im Jahr 1998 lag der Konsum bei 9,8 l pro Einwohner.

Die Eigenschaft 3 des Mittelwertes wird uns im nächsten Kapitel noch beschäftigen.

Ein „Konkurrent“ des arithmetischen Mittelwertes ist der Median

Der Median ist der mittlere Wert einer sortierten Ergebnisliste.
Falls die Liste aus einer geraden Anzahl von Einträgen besteht, kann der Wert links oder rechts von der Mitte oder ein Wert dazwischen gewählt werden.

Beispiel Preis für eine Kamera

Preis für eine Kamera in 5 Geschäften in den Orten A und B

Geschäfte im Ort A	A_1	A_2	A_3	A_4	A_5	Summe	arithmetisches Mittel
in €	496	479	377	419	479	2250	450

Geschäfte im Ort B	B_1	B_2	B_3	B_4	B_5	Summe	arithmetisches Mittel
in €	398	345	459	398	650	2250	450

Das arithmetische Mittel ist für beide Orte gleich, der Median jedoch nicht.

Sortierte Liste für Ort A: 377 419 479 479 496

Sortierte Liste für Ort B: 345 398 398 459 650

Der farbige Wert ist jeweils der Median. Es gibt genau soviel kleinere Werte wie größere Werte. Insofern kann man von einem Mittelwert sprechen. In diesem Beispiel ist der mittlere Preis im Ort B kleiner. Zum Einkaufen kann man also diesen Ort bevorzugen.

Selbst wenn im teuersten Geschäft der Preis statt 650 € auf 750 € angehoben würde, bleibt der Median im Unterschied zum arithmetischen Mittelwert gleich. Der Wert eines Ausreißers bleibt unberücksichtigt.

Der Median hat folgende Eigenschaften:

1. Er macht eine Aussage über die Lage der Ergebniswerte.
2. Er lässt sich ohne Rechnung ermitteln.
   Er minimiert die Summe der Abstände zu den Ergebniswerten, d.h. die Summe $|e_1 - e| + |e_2 - e| + \ldots + |e_m - e|$ ist minimal.
3. Er lässt Ausreißer unberücksichtigt.
4. Die Ergebniswerte müssen keine Zahlen sein, sondern „nur" sortierfähig.

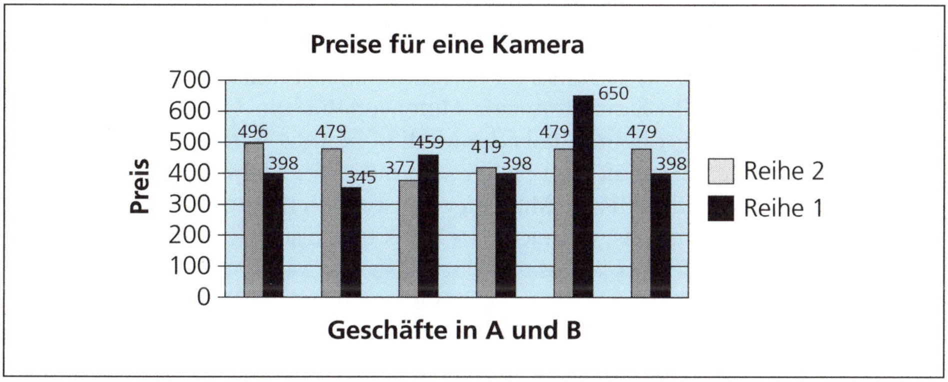

Eigenschaft 3 ist ein Argument für die Stiftung Warentest, den Median und nicht das arithmetische Mittel als „mittleren Preis“ anzugeben.

Eigenschaft 4 betrachten wir an folgendem Beispiel.

In einem Schulzentrum werden zum Schuljahresende Abschlusszeugnisse mit folgenden Qualifikationen vergeben:

- kein Abschluss (kA): 4-mal,
- Hauptschulabschluss (HS): 30-mal,
- Realschulabschluss (RS): 26-mal,
- Fachhochschulreife (FR): 22-mal,
- Hochschulreife (HR): 40-mal.

Was ist der „mittlere Abschluss“ der Schüler eines Jahrganges?

Ein arithmetischer Mittelwert ist nicht zu berechnen, denn die Abschlussarten sind keine Zahlenwerte.

Mit einer sortierten Liste ist jedoch der Median zu bestimmen:

kA, kA, kA, kA, kA, kA, kA, HS, HS, HS, HS, HS, HS, HS, HS, HS, HS, HS, HS, HS, HS, HS, HS, HS, HS, HS, HS, HS, HS, HS, HS, HS, HS, HS, HS, HS, HS, RS, RS, RS, RS, RS, RS, RS, RS, RS, RS, RS, RS, RS, RS, RS, RS, RS, RS, RS, RS, RS, RS, RS, RS, RS, **RS**, FR, FR, FR, FR, FR, FR, FR, FR, FR, FR, FR, FR, FR, FR, FR, FR, FR, FR, FR, FR, FR, FR, HR, HR, HR, HR, HR, HR, HR, HR, HR, HR, HR, HR, HR, HR, HR, HR, HR, HR, HR, HR, HR, HR, HR, HR, HR, HR, HR, HR, HR, HR, HR, HR, HR, HR, HR, HR, HR, HR, HR, HR.

Der „mittlere Abschluss“ ist nach dieser sortierten Liste ein Realschulabschluss.

> **Merke:** Bei der Angabe von Mittelwerten ist also darauf zu achten, in welcher Art der Wert berechnet wurde, ob es ein arithmetischer Mittelwert oder ein Median ist. Das Resultat kann verschieden sein und die Argumente dadurch stark beeinflussen.

Beispiel: Gehälter eines Fußballklubs

Ein Fußballverein, der viele Helfer für Hilfsarbeiten im Stadion beschäftigt und ebenso hochbezahlte Stars, kann als Mittelwert für die Gehälter 20000 € (Gehalt eines Helfers) haben, falls der Median benutzt wird. Es müssen nur mehr als 50 % der Beschäftigten Helfer sein mit einem Jahreseinkommen in dieser Höhe. Das arithmetische Mittel liegt wesentlich höher durch die hohen Gehälter der Fußballprofis, vielleicht bei 200000 €, also 10-mal so hoch.

4 Varianz und Standardabweichung

Mittelwerte geben Informationen über die Lage der Daten, aber sie sagen uns nicht alles.

Beispiel: Tagestemperatur am Urlaubsort

Eine Urlaubsreise wird geplant. Johannes fährt nach A, Maria nach B.
Sie erkundigen sich über die durchschnittliche Tagestemperatur an ihrem Urlaubsort.

Sie erhalten sowohl die Angabe des arithmetischen Mittels als auch des Medians.

Temperatur in Celsius	arithmetischer Mittelwert	Median
Ort A	11	10
Ort B	11	10

Können beide das Gleiche an Kleidung einpacken?

Wir sehen uns die zugrunde liegenden durchschnittlichen Temperaturwerte für morgens, mittags und abends an.

Temperatur in Celsius	Tageswerte morgens,	mittags,	abends
Ort A	1	22	10
Ort B	8	15	10

Mit der Angabe des arithmetischen Mittelwertes oder des Medians allein kann noch keine Entscheidung getroffen werden. Man muss auch wissen, wie weit sich die Werte vom Mittelwert entfernen.

In A braucht man außer dem T-Shirt am Mittag noch eine dicke Jacke, in B ist man mit einem Pullover den ganzen Tag gut angezogen.

Als zusätzliche Information zu den Mittelwerten ist es nützlich, eine *Kennzahl für die Abweichungen* vom Mittelwert zu haben oder, anders ausgedrückt, für die *Streuung* der Daten.

Die bekanntesten Maße für die Streuung der Daten sind Varianz und Standardabweichung.

Varianz und Standardabweichung sollen angeben, in welchem Maße die Ergebniswerte vom arithmetischen Mittelwert abweichen. Es soll also ein „mittlerer" Abstand vom schon errechneten Mittelwert angegeben werden.

$(e_i - e)$	gibt den Abstand eines Ergebniswertes e_i vom Mittelwert e an
$(e_i - e)^2$	wird gebildet, um unabhängig vom Vorzeichen der Differenz zu sein.

Der Durchschnitt der Quadrate der Abstände vom Mittelwert ist:

$$s^2 = \frac{(e - e_1)^2 + (e - e_2)^2 + \ldots + (e - e_m)^2}{m}$$

Diese Zahl wird als **Varianz** bezeichnet.

Bemerkung:
Eine ähnlich berechnete Zahl nennt man auch Varianz, und zwar:

$$s^2 = \frac{(e - e_1)^2 + (e - e_2)^2 + \ldots + (e - e_m)^2}{m - 1}$$

Man kann zeigen, dass man im Fall einer Stichprobe eine bessere Schätzung für die Varianz einer größeren Datenmenge erhält, wenn man diese zweite Definition benutzt. Da wir uns jedoch mit Schätzverfahren nicht beschäftigen, nehmen wir die erste einfachere Definition. Man muss sich aber immer darauf verständigen, welche der beiden Berechnungen benutzt wird.

Wir kehren zu unserem Beispiel: Tagestemperatur am Urlaubsort zurück.

Für den Ort A gilt:

$$s^2 = \frac{(1 - 11)^2 + (22 - 11)^2 + (10 - 11)^2}{3} = 74$$

Für den Ort B gilt:

$$s^2 = \frac{(8 - 11)^2 + (15 - 11)^2 + (10 - 11)^2}{3} = \frac{9 + 16 + 1}{3} = \frac{26}{3}$$

Es ist sofort erkennbar, dass 74 größer ist als $\frac{26}{3}$.

Die Varianz zeigt, dass die Werte im Ort B viel weniger vom Mittelwert abweichen als in A. Maria braucht „nur" ihren Pullover einzupacken, Johannes jedoch die dicke Jacke und das T-Shirt.

Beachte:
Die Formel, die die Varianz definiert, ist minimal bei gegebenen e_i, falls für e das arithmetische Mittel steht. Dies zeichnet das arithmetische Mittel als „guten" Mittelwert aus. In Eigenschaft 3 des arithmetischen Mittels haben wir diese Eigenschaft bereits vermerkt.

Bei der Berechnung der Varianz werden die *Quadrate* der Abweichungen eingesetzt. Um dies in gewissem Sinne rückgängig zu machen, misst man die Streuung auch durch den Wert, der entsteht, wenn man die Wurzel der Varianz nimmt.

$$s = \sqrt{\frac{(e - e_1)^2 + (e - e_2)^2 + \ldots + (e - e_m)^2}{m}}$$

Diese Kennzahl heißt **Standardabweichung**.

Die **Standardabweichung** hat folgende nützliche Eigenschaft:
Multipliziert man alle Ergebniswerte mit einer Zahl, so braucht man die Standardabweichung nicht neu zu berechnen.
Die neue Standardabweichung ergibt sich aus der alten durch Multiplikation mit derselben Zahl, mit der auch die Ergebniswerte multipliziert worden sind.

Dies ist sehr nützlich bei Umrechnungen von einer Skala in eine andere, z. B. von einer Währung in eine andere. Dies zeigen wir kurz an dem Beispiel Preis für eine Kamera, in dem wir verschiedene Währungen benutzen:

Geschäfte im Ort A	A_1	A_2	A_3	A_4	A_5	arithmetisches Mittel	Standard abweichung
in €	496	479	377	419	479	450	28
in DM	970	937	737	819	937	880	54
in hfl	1093	1056	831	923	1056	992	62

(Die Umrechnungskurse DM in € bzw. hfl in € sind fest.)

Merke: Diese letztgenannte Eigenschaft besitzt auch das arithmetisches Mittel und der Median, nicht jedoch die Varianz.

5 Übungsaufgaben

1. Verkehrszählung
   Berechne für Lisas und Peters Listen absolute und relative Häufigkeit und prozentuale Häufigkeit.

2. Brotgewicht
   In einer Bäckerei liegen zehn Brotlaibe im Regal. Die Brote sollen 1 kg wiegen. Folgende Gewichte werden beim Nachwiegen festgestellt: 996 g; 1009 g, 1012 g, 1001 g, 920 g, 984 g, 1004 g, 992 g, 988 g, 998 g.
   Berechne den arithmetischen Durchschnitt, den Median, die Varianz und die Standardabweichung.

3. Temperatur vom Urlaubsort
   Berechne zu dem Beispiel im Text oben die Urlaubstemperatur in Fahrenheit und berechne dafür arithmetisches Mittel und Median, Varianz und Standardabweichung neu.
   Tipp: Arithmetischer Mittelwert, Median und Standardabweichung lassen sich recht einfach berechnen.

C Mathematische Wahrscheinlichkeit

Wie man mit Zufallsergebnissen rechnen kann

Der Begriff der Wahrscheinlichkeit ist bis jetzt noch nicht erklärt worden. Wir haben Zufallsexperimente betrachtet und Häufigkeiten von Ergebnissen und Ereignissen aus den Beobachtungen abgeleitet. Mittelwerte, Varianz und Standardabweichung helfen, die Beobachtungen zu bewerten.

Doch die Frage bleibt, ob wir nicht nur *nach Durchführung* eines Zufallsexperimentes den Ausgang beschreiben und bewerten können, sondern ob wir *vor der Durchführung* etwas sagen können, wie wahrscheinlich es ist, dass ein bestimmtes Ergebnis oder ein bestimmtes Ereignis eintritt.

1 Das Gesetz der großen Zahlen

Beispiel: Münzwurf

Wir betrachten das Zufallsexperiment: „Eine Münze wird geworfen". Es wird festgestellt, ob „Kopf" oder „Zahl" nach dem Wurf oben liegt. (Bleibt die Münze senkrecht stehen, wird der Wurf wiederholt.)

Ergebnismenge: S = {Kopf, Zahl}
Elementarereignis K = {Kopf} und
Elementarereignis Z = {Zahl}

Das Experiment werde m-mal durchgeführt. Wir stellen den Ausgang des Zufallsexperimentes in der folgenden Tabelle dar:

	Kopf	Zahl	relative Häufigkeit für K	relative Häufigkeit für Z
m = 10	3	7	0,3	0,7
m = 20	13	7	0,65	0,35
m = 100	52	48	0,52	0,48
m = 1000	421	509	0,491	0,509
m = 2000	1012	988	0,506	0,494
m = 5000	2508	2492	0,5016	0,4984

Die relativen Häufigkeiten für die beiden Elementarereignisse K und Z nähern sich, wie wir vielleicht aufgrund von Erfahrungen auch erwartet haben, dem Zahlenwert

0,5 an. Anfänglich gibt es deutliche Schwankungen, aber wenn immer mehr Experimente (= Würfe) durchgeführt worden sind, *stabilisieren sich die relativen Häufigkeiten*.

Dies geschieht nach dem so genannten **Gesetz der großen Zahl.**

Den Wert, auf den sich die Häufigkeitswerte für immer größer werdende m hin stabilisieren, kann man als Wahrscheinlichkeit des beobachteten Ereignisses bezeichnen.

Damit haben wir eine *„statistische" Definition* der Wahrscheinlichkeit gegeben.

Aufgrund von vielen Beobachtungen haben wir festlegen können, wie häufig ein Elementarereignis erwartet werden kann, wie „wahrscheinlich" es ist.

Beachte:
Das Gesetz der großen Zahl besagt nicht, dass nach einer langen Serie „Kopf" im obigen Beispiel eine „Zahl" *beim nächsten Wurf* kommen muss!

Dies ist der „eine" Weg, die Wahrscheinlichkeit für ein Elementarereignis festzulegen.

Die Wahrscheinlichkeit für ein Elementarereignis kann auch *durch Vorgaben und Überlegungen* festgelegt werden.

Beispiel: Wurf mit einem Würfel

Wir wissen bereits, dass die Ergebnismenge $S = \{1, 2, 3, 4, 5, 6\}$ ist.

Wir können eine Serie von m Zufallsexperimenten durchführen. Dabei wird sich die Wahrscheinlichkeit bei einem fairen Würfel für ein Elementarereignis bei $\frac{1}{6}$ stabilisieren.

Würde sich die relative Häufigkeit bei einem anderen Wert stabilisieren, so würden wir den Würfel nicht mehr fair nennen können. Denn es würden sich ja für die 6 möglichen Ergebnisse unterschiedliche Häufigkeitswerte ergeben.

Somit kann man, *statt eine großen Versuchsserie zu starten*, auch festlegen:
Ein Würfel ist nur dann ein fairer Würfel, bei dem jedes Ergebnis gleichwahrscheinlich ist.

Da es 6 mögliche Ergebnisse gibt, muss jedes die Wahrscheinlichkeit $\frac{1}{6}$ haben, denn die Wahrscheinlichkeit für alle sechs möglichen Ergebnisse zusammen soll wie bei den Häufigkeiten 1 sein.

Dieser „zweite" Weg zur Bestimmung der Wahrscheinlichkeit wird oft bei *Spielen oder anderen „künstlich" geschaffenen Situationen* beschritten. Der „erste" Weg über eine große Anzahl von hintereinander ausgeführten Zufallsexperimenten muss beschritten werden, wenn für Alltagssituationen Wahrscheinlichkeiten erklärt werden sollen.

Beispielsweise wird in großen Messreihen für die Bekleidungsindustrie die Häufigkeit von Körpergröße, Schuhgröße usw. der Kundschaft ermittelt. Daraus lässt sich die Wahrscheinlichkeit für gewisse Konfektionsgrößen bestimmen. Ein kluger Kaufmann sortiert dann sein Warenlager nach diesen Wahrscheinlichkeiten.

Inwiefern die so gefundenen Wahrscheinlichkeitswerte zuverlässig sind, dies wird noch mit anderen Mitteln der Wahrscheinlichkeitsrechnung und Statistik zu prüfen sein. Für die bis jetzt angestellten Überlegungen gehen wir davon aus, dass uns zuverlässige Werte zur Verfügung stehen.

2 Der Begriff der mathematischen Wahrscheinlichkeit

Wie kann man nun mit den für Elementarereignisse festgelegten Wahrscheinlichkeiten rechnen? Oder müssen wir für jedes Ereignis die Wahrscheinlichkeit neu festlegen? Passt dann alles zusammen?

Wir erinnern uns daran, welche Eigenschaften die relative Häufigkeit hat, und fordern diese auch für den Begriff der mathematischen Wahrscheinlichkeit.

Axiome (Forderungen):
Für Wahrscheinlichkeiten von Ereignissen soll gelten:

I $P(E) \geq 0$
Für jedes Ereignis E ist die Wahrscheinlichkeit größer oder gleich Null.

II $P(S) = 1$
Die Wahrscheinlichkeit für das sichere Ereignis S ist gleich 1.

III $P(A \cup B) = P(A) + P(B)$,
falls A und B unvereinbare Ereignisse sind, d. h. $A \cap B = \{\}$ ist.

Damit sind die wichtigsten Eigenschaften der mathematische Wahrscheinlichkeit festgelegt. Dies ist auch ausreichend, um für das Rechnen mit Wahrscheinlichkeiten gerüstet zu sein und sich nicht in Widersprüche zu verstricken. Die Axiome wurden 1933 von dem russischen Mathematiker *Kolmogoroff* aufgestellt.

Beispiel: Wurf mit einem Würfel

Wie wir schon festgelegt haben, sind die Wahrscheinlichkeiten für die Elementarereignisse
$P(\{1\}) = P(\{2\}) = P(\{3\}) = P(\{4\}) = P(\{5\}) = P(\{6\}) = \frac{1}{6}$.

Nach den Axiomen für die Wahrscheinlichkeit kann man auch die Wahrscheinlichkeit anderer Ereignisse berechnen.

Wir wollen wissen, wie groß die Wahrscheinlichkeit ist, eine 3 oder eine 5 zu würfeln:
$P(\{1, 3\}) = \frac{1}{6} + \frac{1}{6} = \frac{1}{3}$ nach Axiom III

Wie groß ist die Wahrscheinlichkeit, eine 1 oder eine 3 oder eine 5 zu würfeln:
$P(\{1, 3, 5\}) = P(\{1, 3\}) + P(\{5\}) = \frac{1}{3} + \frac{1}{6} = \frac{1}{2}$ nach Axiom III

Wie groß ist die Wahrscheinlichkeit, eine 1, 2, 3, 4, 5 oder eine 6 zu würfeln?
$P(\{1, 2, 3, 4, 5, 6\}) = 1$ nach Axiom II

Aufgabe:
Berechne folgende Wahrscheinlichkeitswerte:
$P(\{4, 5, 6\})$; $P(\{3, 4,\})$; $P(\{2, 4, 6\})$; $P(\{1, 2, 3, 4, 5\})$.

3 Die Wahrscheinlichkeit des sicheren Ereignisses, des unmöglichen Ereignisses und des Gegenereignisses

Die Wahrscheinlichkeit für das sichere Ereignis S wurde schon in Axiom II festgelegt und ist gleich Eins.

0. $P(S) = 1$

Aus den oben geforderten Eigenschaft für die mathematische Wahrscheinlichkeit folgen sofort weitere, die wir hier festhalten wollen. Damit wird es leichter, weitere Wahrscheinlichkeiten zu berechnen.

1. Jede Wahrscheinlichkeit eines Ereignisses E ist **kleiner oder gleich Eins.**
   $P(E) \leq 1$

2. Die **Wahrscheinlichkeit für das unmögliche Ereignis** ist gleich Null.
   $P(\{\ \}) = 0$

3. Die **Wahrscheinlichkeit für das Gegenereignis $\overline{E}$** ist gleich 1 minus der Wahrscheinlichkeit für das Ereignis E selbst.
   $P(\overline{E}) = 1 - P(E)$

4. $P(A) \leq P(B)$, falls A **notwendig** B nach sich zieht, d. h. $A \subseteq B$.

Beispiel: Würfel

$P(\{2, 4, 6\}) = 1 - P(\{1, 3, 5\}) = 1 - \frac{1}{2} = \frac{1}{2}$

$P(\{2, 4\}) \leq P(\{2, 4, 6\})$, denn $P(\{2, 4\}) = \frac{1}{6} + \frac{1}{6} = \frac{1}{3}$ und $P(\{2, 4, 6\}) = \frac{1}{6} + \frac{1}{6} + \frac{1}{6} = \frac{1}{2}$

$P(\{\ \}) = 0$; Wahrscheinlichkeit des unmöglichen Ereignisses.

4 Gleichwahrscheinliche Ereignisse

Beispiel: Skatspiel mit 32 Karten

Wie groß ist die Wahrscheinlichkeit,
Herz Ass zu ziehen?

Herz Ass ist eine beliebige der 32 Karten. Wenn alle Karten zur Auswahl stehen, ist die Wahrscheinlichkeit für jede gleich groß, gezogen zu werden.

Wir kennen die Wahrscheinlichkeit noch nicht, aber nennen sie p.

Wir wissen:

$p + p + p + \ldots + p = 1$ wobei p 32-mal aufsummiert wird, also

$32 \cdot p = 1$ und somit

$p = \frac{1}{32}$

Wie groß ist die Wahrscheinlichkeit, eine „rote Zehn" zu ziehen?

Ereignis RZ = {rote Zehn Herz, rote Zehn Karo}
= {rote Zehn Herz}∪{rote Zehn Karo}

Es gibt zwei rote Zehner im Spiel. Nach Axiom III müssen sich die beiden Wahrscheinlichkeiten addieren. Also gilt:

$$P(RZ) = \frac{1}{32} + \frac{1}{32} = \frac{2}{32} = \frac{1}{16}$$

Allgemein gilt:
Besteht bei einem **Zufallsexperiment die Ergebnismenge aus m Elementen** und ist jedes Ergebnis **gleich wahrscheinlich**, so berechnet sich die Wahrscheinlichkeit für ein **Ereignis E, das aus k Elementen besteht,** wie folgt:

$$P(E) = \frac{1}{m} + \frac{1}{m} + \ldots \frac{1}{m} = \frac{k}{m}$$

oder als **Merkregel:**
Anzahl der günstigen (in E enthaltenen) Fälle durch Anzahl der möglichen Fälle, die in S enthalten sind.

Beispiel: Urne mit 12 Kugeln

6 der 12 Kugeln sind weiß, 4 rot und 2 blau.
Die Wahrscheinlichkeit für folgende Ereignisse soll berechnet werden:

- W = {weiße Kugeln}
- R = {rote Kugeln}
- B = {blaue Kugeln}
- NW = {nicht weiße Kugeln} = $\overline{W}$
- NR = {nicht rote Kugeln} = $\overline{R}$
- RW = {rote oder weiße Kugeln} = R∪W

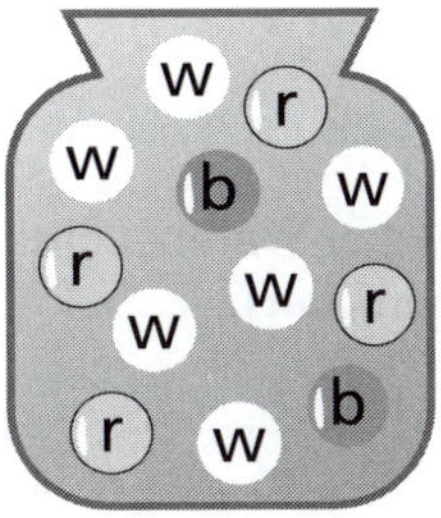

$P(W) = \frac{6}{12} = \frac{1}{2}$ $P(R) = \frac{4}{12} = \frac{1}{3}$

$P(B) = \frac{2}{12} = \frac{1}{6}$ $P(NW) = 1 - P(W) = 1 - \frac{1}{2} = \frac{1}{2}$

Aufgabe:
Berechne selbst die Wahrscheinlichkeiten P(NR) und P(RW).

Beispiel: Geburtstagsmonat

Zwei Mädchen, Mirjam und Julia, lernen sich kennen.
Wie groß ist die Wahrscheinlichkeit, dass beide im Januar Geburtstag haben?

Wir erstellen zunächst die Ergebnismenge.

S = {(Jan | Jan), (Jan | Feb), (Jan | Mrz), …, (Jan | Dez), (Feb | Jan), (Feb | Feb), (Feb | Mrz), …, (Dez | Nov), (Dez | Dez)}

S enthält 144 Elemente, also ist |S| = 144

$P(\text{Jan}|\text{Jan}) = \frac{1}{144}$

waagerecht: Monate Miriam

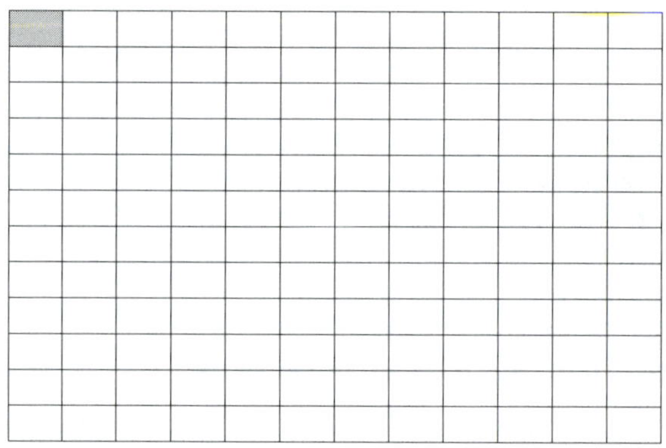

senkrecht: Monate Julia

Mit welcher Wahrscheinlichkeit haben beide im gleichen Monat Geburtstag?

G = {(Jan | Jan), (Feb | Feb), (Mrz | Mrz), …, (Dez | Dez)}

$P(G) = \frac{12}{144} = \frac{1}{12}$

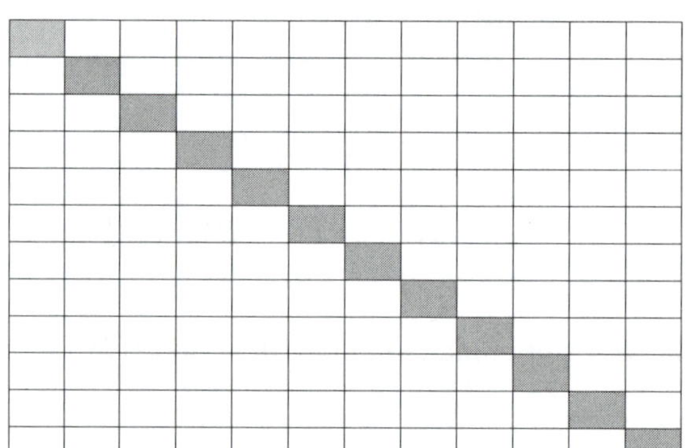

Mit welcher Wahrscheinlichkeit hat mindestens eine im Februar Geburtstag?

F = {(Jan | Feb), (Feb | Feb), (Mrz | Feb), …, (Dez | Feb), (Feb | Jan), (Feb | Mrz), …, (Feb | Dez)}

$P(F) = \frac{23}{144}$

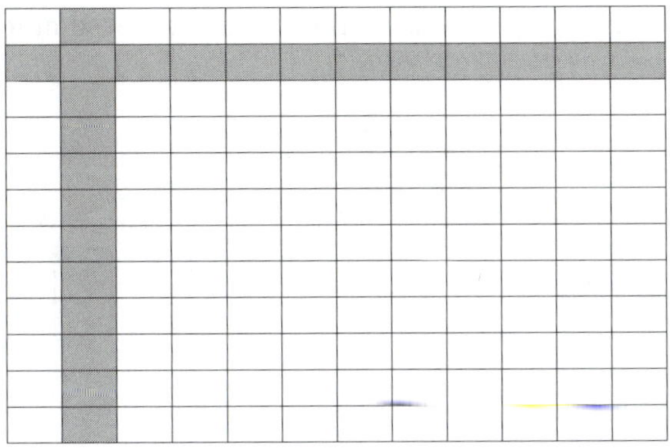

Aufgaben:

a) Wie groß ist die Wahrscheinlichkeit, dass keine im Februar Geburtstag hat?

b) Wie groß ist die Wahrscheinlichkeit, dass beide im IV. Quartal Geburtstag haben?

5 Pfadregeln

Wie wir schon im Kapitel A beschrieben haben, werden manche Zufallsexperimente in mehreren Stufen ausgeführt. Für diese mehrstufigen Zufallsexperimente sind die folgenden zwei Regeln zur Berechnung von Wahrscheinlichkeiten wichtig.

Wir werden wieder als Eingangsbeispiel eine Urne mit verschiedenen Kugeln betrachten. Dieses Beispiel dient als Modell, auf das viele Anwendungsbeispiele übertragen werden können.

Beispiel: Ziehen von Kugeln mit Zurücklegen

4 Kugeln sind weiß, 3 Kugeln sind blau.
Für die Ergebnismenge S gilt also $|S| = 7$.

Wir ziehen zunächst eine Kugel.
Ereignis W, dass eine „weiße Kugel" gezogen wird: W = {weiße Kugel},
Ereignis B, dass eine „blaue Kugel" gezogen wird: B = {blaue Kugel}.

Es ist: $P(W) = \frac{4}{7}$ $P(B) = \frac{3}{7}$.

Wir ziehen zweimal eine Kugel und *legen* nach dem 1. Ziehen die gezogene Kugel *zurück* in die Urne. Es sind also vor dem zweiten Ziehen gleich viele Kugeln in der Urne wie vor dem ersten Zug.

Ein Baumdiagramm hilft, die Wahrscheinlichkeiten zu bestimmen:

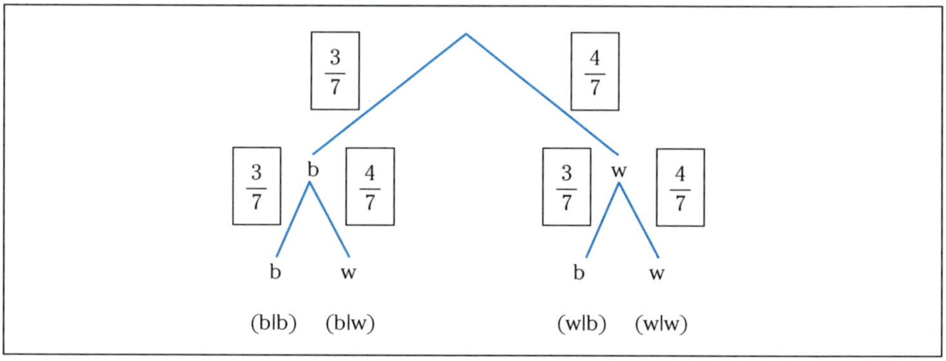

Wie groß ist die Wahrscheinlichkeit, in beiden Zügen eine blaue Kugel zu ziehen?

In 3 von 7 Fällen ziehen wir beim ersten Ziehen eine blaue Kugel und davon in 3 von 7 Fällen beim zweiten Ziehen wiederum eine blaue Kugel, also:

$P((b|b)) = \frac{3}{7} \cdot \frac{3}{7} = \frac{9}{49}$

Wir multiplizieren die Wahrscheinlichkeiten entlang eines Pfades.

Wie groß ist die Wahrscheinlichkeit, in beiden Zügen eine gleichfarbige Kugel zu ziehen?

$P((b|b)) = \frac{3}{7} \cdot \frac{3}{7} = \frac{9}{49}$ $P((w|w)) = \frac{4}{7} \cdot \frac{4}{7} = \frac{16}{49}$

$P(\{(b|b), (w|w)\}) = \frac{9}{49} + \frac{16}{49} = \frac{25}{49}$

Wir addieren die Wahrscheinlichkeit mehrerer Pfade.

Wie wir an diesem Beispiel überlegt haben, so können wir immer für mehrstufige Zufallsexperimente anhand von Baumdiagrammen die Wahrscheinlichkeit ausrechnen.

Als **Pfadregeln** halten wir fest:

1. **Wahrscheinlichkeit entlang eines Pfades**
   Die Wahrscheinlichkeit eines Pfades, also eines Ergebnisses, das in mehreren Stufen zusammengesetzt wird, ist das Produkt der Wahrscheinlichkeiten entlang des Pfades.
2. **Wahrscheinlichkeit mehrerer Pfade**
   Setzt sich ein Ereignis aus mehren Ergebnissen zusammen, die jeweils durch einen Pfad repräsentiert werden, so ist die Wahrscheinlichkeit des Ereignisses die Summe der Wahrscheinlichkeit der einzelnen Pfade.

Die zweite Regel folgt aus Axiom III.

Beispiel: Ziehen von Kugeln ohne Zurücklegen

In vorigen Beispiel haben wir die zuerst gezogene Kugel *vor dem zweiten Zug* wieder in die Urne zurückgelegt. Jetzt ziehen wir *ohne Zurücklegen*.

Baumdiagramm

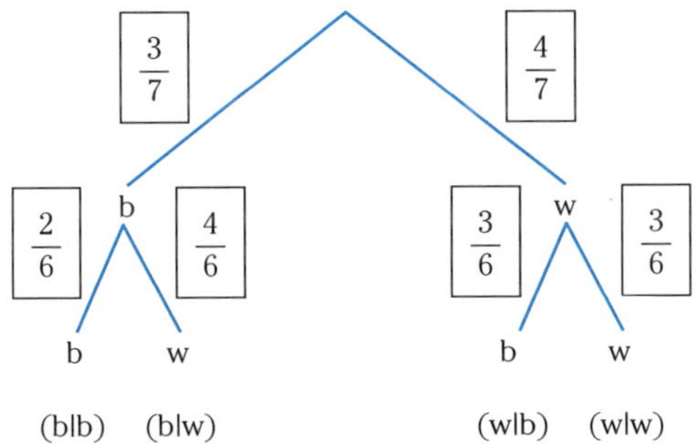

Im ersten Beispiel dieses Abschnittes haben wir die zuerst gezogenen Kugel vor dem zweiten Zug wieder in die Urne zurückgelegt. Dies war Ziehen mit Zurücklegen.

In dem zweiten Beispiel ziehen wir ohne Zurücklegen.

In der ersten Stufe sind die Wahrscheinlichkeiten gleich in beiden Beispielen, in der zweiten Stufe haben sie sich geändert, da beim *Ziehen ohne Zurücklegen* vor dem zweiten Ziehen *weniger* Kugeln in der Urne sind.

Wie groß ist die Wahrscheinlichkeit, in beiden Zügen eine blaue Kugel zu ziehen?

$P((b|b)) = \frac{3}{7} \cdot \frac{2}{6} = \frac{1}{7}$

Wie groß ist die Wahrscheinlichkeit, in beiden Zügen eine gleichfarbige Kugel zu ziehen?

$P((b|b)) = \frac{1}{7}$ $\quad$ $P((w|w)) = \frac{4}{7} \cdot \frac{3}{6} = \frac{2}{7}$

$P(\{(b|b), (w|w)\}) = \frac{1}{7} + \frac{2}{7} = \frac{3}{7}$

Wie groß ist die Wahrscheinlichkeit, zwei verschiedene farbige Kugeln zu ziehen?

$P(\{(b|w), (w|b)\}) = 1 - P(\{(b|b), (w|w)\}) = 1 - \frac{3}{7} = \frac{4}{7}$

Beachte:

Bei mehrstufigen Zufallsexperimenten ist es wichtig zu unterscheiden, ob es sich um ein Experiment handelt, bei dem sich die Ergebnisse der verschiedenen Stufen *wiederholen* können oder nicht. Können sich die Ergebnisse wiederholen, so entspricht das unserem Modellbeispiel *Ziehen mit Zurücklegen*. Die Wahrscheinlichkeiten sind von Stufe zu Stufe gleich.
Können sich die Ergebnisse *nicht wiederholen*, so liegt ein Experiment vor nach dem Modell *Ziehen ohne Zurücklegen*. Die Wahrscheinlichkeiten sind von Stufe zu Stufe verschieden. Vor dem Zeichnen eines Baumdiagramms ist zu klären, welches Modell dem Zufallsexperiment zugrunde liegt.

Beispiel: Klassendienste

In einer Klasse mit 30 Schülern werden 2 Schüler ausgelost, die den Tafel- und Aufräumdienst zu übernehmen haben. Es sind 21 Jungen und 9 Mädchen in der Klasse. Es soll nicht eine Schülerin oder ein Schüler allein beide Dienste tun. Es liegt also ein Experiment vor der Art „Ziehen ohne Zurücklegen“.

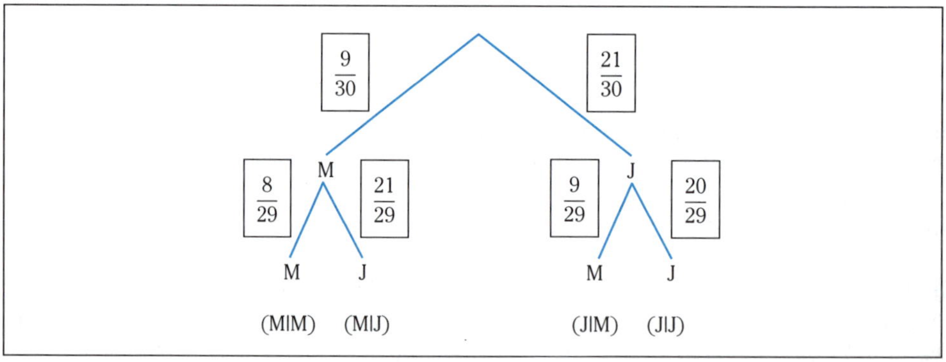

Wie groß ist die Wahrscheinlichkeit, dass zwei Mädchen den Dienst übernehmen werden?

$P((M|M)) = \frac{9}{30} \cdot \frac{8}{29} = \frac{12}{145}$

Wie groß ist die Wahrscheinlichkeit, dass zwei Mädchen oder zwei Jungen den Dienst übernehmen werden?

$P((M|M)) = \frac{12}{145}$ $\quad P((J|J)) = \frac{21}{30} \cdot \frac{20}{29} = \frac{14}{29}$

$P(\{(M|M), (J|J)\}) = \frac{12}{145} + \frac{14}{29} = \frac{82}{145}$

6 Übungsaufgaben

1. Reißnägel
   Wirf Reißnägel und notiere, wie viele auf dem Rücken liegen bleiben. Wiederhole das Experiment 10-mal, 20-mal, 50-mal, 100-mal, vielleicht 500-mal und 1000-mal. (Wenn man immer 10 Nägel gleichzeitig wirft, ist es nicht so langwierig.)
   Berechne die relative Häufigkeit für das Ergebnis „Der Reißnagel bleibt auf dem Rücken liegen."
   Stabilisieren sich die Häufigkeitswerte? Wenn ja, welche Wahrscheinlichkeit kann man festlegen für das Ergebnis „Rückenlage"?
   Wenn du noch Lust hast, wiederhole die Zufallsexperimente, nachdem du die Nägel gekürzt hast.
   Wie verändern sich die Häufigkeitswerte?
   Welche Wahrscheinlichkeit kann man jetzt für das Ergebnis „Rückenlage" festlegen?
   Tipp: Arbeite hier mit deinem Freund / deiner Freundin zusammen, dann könnt ihr euch die Experimente aufteilen und müsst nicht so oft werfen!

2. Silbenzahl
   Wähle eine Seite in einem beliebigen Buch und zähle, wie viele Silben die Wörter haben. Erstelle eine Tabelle mit der absoluten Häufigkeit der gefundenen einsilbigen Wörter, für die Anzahl der Wörter mit zwei, drei, vier und mehr als vier Silben.
   Berechne die relativen Häufigkeiten. Vergleiche die gefundenen Werte mit der Tabelle im Kapitel F.

3. Fußballtraining
   Im Training schießen drei Spieler der Mannschaft nacheinander aufs leere Tor. Die Wahrscheinlichkeit für den Spieler 1 (S_1), dass er trifft, ist $\frac{1}{4}$, Spieler 2 trifft in 4 von 7 Fällen und Spieler 3 in 2 von 3 Fällen.
   a) Wie wahrscheinlich ist das Ereignis E, dass genau ein Ball im Netz liegt, wenn jeder Spieler einmal geschossen hat?
   b) Wie wahrscheinlich ist das Ereignis Z, dass genau zwei Bälle im Netz liegen, wenn jeder Spieler einmal geschossen hat?
   c) Wie wahrscheinlich ist das Ereignis $E \cup Z$? Wie wahrscheinlich ist das Gegenereignis von $E \cup Z$ (Anwenden der de Morganschen Regeln)?
   d) Wie wahrscheinlich ist das Ereignis Z, dass alle Spieler treffen, wenn jeder Spieler einmal geschossen hat?

D Kombinatorik

Wenn große Zahlen eine Rolle spielen

Manchmal ist es *schwierig*, bei einstufigen Experimenten die für die Berechnung der Wahrscheinlichkeit notwendige *Anzahl der möglichen Fälle* und *der günstigen Fälle* zu ermitteln.

Bei *mehrstufigen* Experimenten werden *die Bäume oft unübersichtlich*, wenn zu viele Möglichkeiten an den Verzweigungen untersucht oder wenn zu viele Stufen durchgeführt werden müssen.

Deshalb beschäftigen wir uns jetzt ein wenig mit der Kombinatorik, der *Lehre vom Abzählen*. Damit kann man Anzahlen berechnen, die für die Berechnung der Wahrscheinlichkeit benötigt werden, auch wenn große Zahlen auftreten.

Die Urne mit Kugeln ist ein typisches Beispiel der Wahrscheinlichkeitsrechnung. Es ist auch in diesem Buch schon mehrmals vorgekommen. Man kann es als ein *Modell* bezeichnen. Viele Anwendungsbeispiele lassen sich auf das Urnenmodell übertragen.

Deshalb werden wir anhand des Urnenmodells Formeln für Abzählaufgaben entwickeln.

1 Ziehen aus verschiedenen Urnen

Beispiel: Vier Urnen

Wir haben vier Urnen.
In der ersten Urne liegen 8 weiße Kugeln mit den Nummerierungen von 1 bis 8, in der zweiten 5 rote, in der dritten 4 blaue und in der vierten 3 grüne. Alle Kugeln sind jeweils durchnummeriert.
Auf wie viele Arten können wir aus jeder Urne genau eine Kugel ziehen?

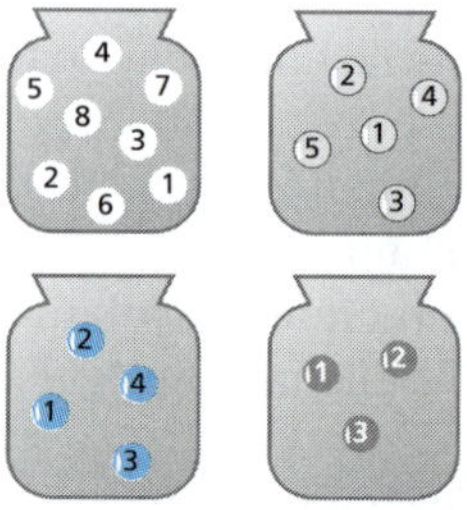

Für den Griff in die **erste** Urne gibt es 8 Möglichkeiten, eine Kugel zu ziehen.

Dann gibt es 5 Möglichkeiten, eine rote Kugel aus der **zweiten** Urne zu entnehmen, die jeweils mit den 8 Möglichkeiten für den Griff in die erste Urne kombiniert werden können. Zusammen sind dies $8 \cdot 5 = 40$ Möglichkeiten.

Genauso können wir beim Ziehen aus der **dritten** Urne wieder jede der nun vier Möglichkeiten mit den bisherigen verbinden, also haben wir jetzt $8 \cdot 5 \cdot 4 = 160$ Möglichkeiten

Ergänzt durch den Griff in die **vierte** Urne zum Ziehen einer der drei grünen Kugeln sind dies $8 \cdot 5 \cdot 4 \cdot 3 = 480$ Möglichkeiten, jeweils eine der Kugeln aus den vier Urnen herauszunehmen.

Ziehen aus verschiedenen Urnen
In k verschiedenen Urnen sind jeweils n_1 bzw. n_2 bzw. ... n_k verschiedene Kugeln.
Dann gibt es $n_1 \cdot n_2 \cdot \ldots \cdot n_k$ verschiedene Möglichkeiten, aus jeder Urne genau eine Kugel zu ziehen.

Beispiel: T-Shirt-Laden

Ein T-Shirt-Laden bietet T-Shirts in 3 verschiedenen Materialien mit 4 verschiedenen Kragenformen in 20 Farben an. Es gibt jeweils 8 Damengrößen und 5 Herrengrößen.
Wie viele verschiedene T-Shirt-Modelle stehen in diesem Laden zur Auswahl?

Anzahl der Möglichkeiten: $3 \cdot 4 \cdot 20 \cdot 13 = 3120$
Der Kunde kann unter 3120 verschiedenen T-Shirt-Modellen auswählen.

Beispiel: Telefonnummern

Herr Müller beantragt einen neuen Telefonanschluss. In seinem Wohngebiet können fünfstellige Nummern vergeben werden mit erster Ziffer „9“, zweiter Ziffer „3“, „4“, „5“, „6“ oder „7“ , und die letzte Ziffer darf keine Null sein.
Wie viele Telefonnummern können in diesem Wohngebiet vergeben werden?

Anzahl der Möglichkeiten: $1 \cdot 5 \cdot 10 \cdot 10 \cdot 9 = 4500$
Ergebnismenge T der möglichen Telefonnummern für Herrn Müller: $|T| = 4500$

Herr Müller wünscht sich aber eine Telefonnummer, die sich nur aus zwei verschiedenen Ziffern zusammensetzt.
- Wie viele Möglichkeiten gibt es, diesem Wunsch zu entsprechen?
- Wie groß ist die Wahrscheinlichkeit bei zufälliger Vergabe, dass Herr Müller eine seiner Wunschnummern erhält?

Anzahl der Möglichkeiten: $1 \cdot 5 \cdot 2 \cdot 2 \cdot 2 = 40$
Dies sind die für Herrn Müller günstigen Fälle.

Die Wahrscheinlichkeit dafür, dass Herr Müller eine seiner Wunschnummern erhält, beträgt:

$$P(M) = \frac{40}{4500} \approx 0{,}00889$$

2 Ziehen aus einer Urne

Beispiel: Glücksspirale

Bei der Glücksspirale wird je eine der mit den Zahlen 0 bis 9 beschrifteten Kugeln aus einer von sieben Urnen gezogen.

Es gibt also $10^7 = 10\,000\,000$ verschiedene Möglichkeiten, eine siebenstellige Gewinnzahl zu ziehen.

Jede Zahl ist gleichwahrscheinlich. Die Wahrscheinlichkeit für die Zahl 7 777 777 ist die gleiche wie für 7 654 321, und zwar:

$$P(\{7\,777\,777\}) = P(\{7\,654\,321\}) = \frac{1}{10\,000\,000}$$

Das Spiel ist fair.

Was ändert sich an der Wahrscheinlichkeit für eine Gewinnzahl, wenn

- statt sieben Urnen mit 10 Kugeln, beschriftet mit den Ziffern 0 bis 9,
- eine Urne zum Auslosen der Gewinnzahl genommen wird, in der aber dann sieben Kugeln liegen mit „0“ als Aufschrift und sieben mit „1“ und so weiter für jede Ziffer bis „9“?

Es liegen also 70 Kugeln in der einen Urne.
Für die Ergebnismenge S gilt: $|S| = 70$
Für die Auslosung der Zahl 7 777 777 gibt es dann $7 \cdot 6 \cdot 5 \cdot 4 \cdot 3 \cdot 2 \cdot 1$ günstige Fälle, denn zunächst liegen sieben Kugel mit der Beschriftung „7“ in der Urne, dann 6, dann 5 usw.

Die Wahrscheinlichkeit für 7 777 777 beträgt:

$$P(\{7\,777\,777\}) = \frac{7 \cdot 6 \cdot 5 \cdot 4 \cdot 3 \cdot 2 \cdot 1}{70 \cdot 69 \cdot 68 \cdot 67 \cdot 66 \cdot 65 \cdot 64} \approx 8{,}341 \cdot 10^{-10}$$

Die Wahrscheinlichkeit für 7 654 321 beträgt aber:

$$P(\{7\,654\,321\}) = \frac{7 \cdot 7 \cdot 7 \cdot 7 \cdot 7 \cdot 7 \cdot 7}{70 \cdot 69 \cdot 68 \cdot 67 \cdot 66 \cdot 65 \cdot 64} \approx 1{,}363 \cdot 10^{-7}$$

Denn es liegen ja von jeder gezogenen Kugel vor dem Ziehen jeweils 7 Stück in der Urne.

Dies bedeutet, dass die Wahrscheinlichkeit für verschiedene Gewinnzahlen nicht mehr gleich ist. Das Spiel ist nicht mehr fair.

Deshalb hat man schon 1971 dieses zuerst bei der Ziehung der Glückspiralezahl angewandte Verfahren geändert und statt einer Urne mit 70 Kugeln sieben Urnen mit je 10 Kugeln aufgestellt.

Bleiben wir bei der Fernsehunterhaltung, denn Gewinnshows sind sehr beliebt.

Beispiel: Verlosung von Preisen an die Studiogäste.

In einer Spielshow sollen an die im Studio befindlichen Gäste 3 Preise verlost werden. 40 Zuschauer sind im Studiosaal.

Bevor wir eine Aussage machen können, auf wie viele verschiedene Möglichkeiten diese 3 Preise unter die 40 Zuschauer verlost werden können, müssen zunächst zwei Fragen geklärt werden.

1. Darf ein Zuschauer nur einen Preis erhalten oder darf er für mehrere Preise ausgelost werden? Dies entspricht in unserem Urnenmodell dem Ziehen ohne Zurücklegen oder dem Ziehen mit Zurücklegen.
2. Sind die Preise gleich oder verschieden ?

Sind die Preise gleich, so ist es egal, ob ein Zuschauer beim ersten oder beim zweiten oder beim dritten Ziehen ausgelost wird. Sind die Preise verschieden und wird als erstes der dritte Preis ausgelost, dann der zweite und dann der erste, so will der Gewinner des ersten Preises nicht tauschen mit einem anderen Gewinner. Man muss also die Reihenfolge berücksichtigen, in der die Namen der Gewinner ausgelost werden.

Wie viele Elemente enthält jeweils die Ergebnismenge S?

Fall 1: verschiedene Preise, höchstens ein Preis pro Zuschauer
Dies entspricht im Urnenmodell:
Ziehen mit Berücksichtigung der Reihenfolge und ohne Zurücklegen

Es gibt zunächst 40, dann 39 und dann 38 Möglichkeiten, dass ein Zuschauer für einen Preis ausgelost wird:
$|S| = 40 \cdot 39 \cdot 38 = 59\,280$

Fall 2: verschiedene Preise, mehrere Preise pro Zuschauer möglich
Dies entspricht im Urnenmodell:
Ziehen mit Berücksichtigung der Reihenfolge und mit Zurücklegen

Es gibt jedesmal 40 Möglichkeiten, einen Zuschauer auszulosen.
$|S| = 40 \cdot 40 \cdot 40 = 40^3 = 64\,000$

Fall 3: gleiche Preise, höchstens ein Preis pro Zuschauer
Dies entspricht im Urnenmodell:
Ziehen ohne Berücksichtigung der Reihenfolge und ohne Zurücklegen

Es gibt zunächst 40, dann 39 und dann 38 Möglichkeiten, dass ein Zuschauer für einen Preis ausgelost wird. Dies sind wiederum $40 \cdot 39 \cdot 38 = 59\,280$ Möglichkeiten. Da aber die Reihenfolge der Auslosung keine Rolle spielt, muss diese Zahl noch dividiert werden durch Anzahl der Anordnungen, in der die drei Gewinner bestimmt worden sind.
Von den Dreien kann einer als erster, von den restlichen Zweien einer als zweiter und dann der dritte ausgelost worden sein, also gibt es $3 \cdot 2 \cdot 1 = 6$ mögliche Reihenfolgen.

$$|S| = \frac{40 \cdot 39 \cdot 38}{3 \cdot 2 \cdot 1} = 9880$$

Für diese Formel gibt es ein mathematisches Zeichen.

$$\binom{40}{3} = \frac{40 \cdot 39 \cdot 38}{3 \cdot 2 \cdot 1}$$

Es bezeichnet die Anzahl, 3 Elemente aus einer Menge von 40 Elementen auszuwählen.

Allgemein:
Diese Formel bezeichnet die Anzahl der Möglichkeiten, k Elemente aus einer Menge von n Elementen auszuwählen.

$$\binom{n}{k} = \frac{n \cdot (n-1) \cdot (n-2) \cdot (n-3) \cdot \ldots \cdot (n-k+1)}{k \cdot (k-1) \cdot (k-2) \cdot \ldots \cdot 2 \cdot 1}$$

Sprechweise: **Binomialkoeffizient n über k** (auch: k aus n).

Für $k = 0$ wird festgelegt: $\binom{n}{0} = 1$

Eine Festlegung für $k = 0$ ist nötig, da obige Formel nicht verwendet werden kann. Es würde sonst 0 im Nenner stehen, was nicht erlaubt ist.

Fall 4: gleiche Preise, mehrere Preise pro Zuschauer möglich
Dies entspricht im Urnenmodell:
Ziehen ohne Berücksichtigung der Reihenfolge und mit Zurücklegen

Die Anzahl können wir wie im Fall 3 mit dem Binomialkoeffizienten berechnen, nur müssen wir, nach dem wir einen Zuschauer ausgelost haben, eine neue „Kugel" mit seinem Namen in die „Urne" legen, damit er für die nächste Ziehung wieder im „Spiel" ist.

Dies müssen wir zweimal – nach der ersten und zweiten Auslosung – machen, also berechnen wir die Anzahl aller möglichen Auslosungen bei gleichen Gewinnen und der Möglichkeit, mehrere Preise an eine Person zu geben, durch:

$$\binom{42}{3} = \frac{42 \cdot 41 \cdot 40}{3 \cdot 2 \cdot 1} = 11\,480$$

Wir bleiben bei diesem Beispiel „Verlosen von Preisen an Studiogäste", verfeinern aber die Fragestellung und wollen die Wahrscheinlichkeit berechnen.

Beispiel: Verlosung von Preisen an die Studiogäste

Wie groß ist die Wahrscheinlichkeit, dass nur Frauen einen der Preise erhalten, wenn im Studio von den 40 Zuschauern 24 Frauen sind?

Jetzt können wir die oben berechneten Werte benutzen, die uns die Anzahl der möglichen Fälle angeben. Die Anzahl der günstigen Fälle werden genauso berechnet.

Fall 1: verschiedene Preise, höchstens ein Preis pro Zuschauer

$$P(F) = \frac{24 \cdot 23 \cdot 22}{40 \cdot 39 \cdot 38} = \frac{243}{1235}$$

Fall 2: verschiedene Preise, mehrere Preise pro Zuschauer möglich

$$P(F) = \frac{24^3}{40^3} = \frac{27}{125}$$

Fall 3: gleiche Preise, höchstens ein Preis pro Zuschauer
Beachte: Die Wahrscheinlichkeit ist gleich wie im Fall 1.

$$P(F) = \frac{\binom{24}{3}}{\binom{40}{3}} = \frac{243}{1235}$$

Fall 4: gleiche Preise, mehrere Preise pro Zuschauer möglich

$$P(F) = \frac{\binom{26}{3}}{\binom{42}{3}} = \frac{65}{287}$$

Spezialfall:
Jeder Zuschauer erhält einen Preis. Die Preise sind verschieden und kein Zuschauer kann mehr als einen Preis erhalten.

Dies entspricht dem Fall 1 (Ziehen mit Berücksichtigung der Reihenfolge ohne Zurücklegen) und der Besonderheit, dass $k = n$. Es sind also die 40 Zuschauer den 40 Preise zuzuordnen.

Es gibt $40 \cdot 39 \cdot 38 \cdot 37 \cdot \ldots \cdot 2 \cdot 1 \approx 8{,}159 \cdot 10^{47}$ Möglichkeiten.

3 Variationen, Kombinationen, Permutationen

Wie wir oben am Beispiel durchgespielt haben, sollen jetzt allgemein k Elemente aus n verschiedenen Elemente ausgewählt werden. Dann gibt es für die Anzahl der verschiedenen Auswahlmöglichkeiten in Abhängigkeit von dem gewählten Auswahlverfahren folgende Werte:

- Eine Auswahl ohne Berücksichtigung der Reihenfolge wird **Kombination** genannt.
- Eine Auswahl mit Berücksichtigung der Reihenfolge nennt man **Variation.**
- Sowohl bei **Kombinationen** als auch bei **Variationen** unterscheidet man noch danach, ob **Wiederholungen** möglich sind oder nicht.

Ziehen von **k** Elementen aus **einer** Urne mit **n** Elementen		**ohne Wiederholung** (Zurücklegen)	**mit Wiederholung** (Zurücklegen)
Kombinationen	**ohne** Berücksichtigung der **Reihenfolge**	$\binom{n}{k}$	$\binom{n+k-1}{k}$
Variationen	**mit** Berücksichtigung der **Reihenfolge**	$n \cdot (n-1) \cdot \ldots \cdot (n-k)$	n^k

Spezialfall:
n verschieden Elemente lassen sich auf
$n! = n \cdot (n-1) \cdot (n-2) \cdot \ldots \cdot 2 \cdot 1$
verschiedene Arten anordnen. **n!** wird gesprochen: **n Fakultät.**
Diese speziellen Variationen werden **Permutationen** genannt.
Dies entspricht einer Auswahl *aller* n Elemente mit Berücksichtigung der Reihenfolge ohne Wiederholung.

Beispiel: Kinobesuch

Eine fünfköpfige Familie geht am Sonntag ins Kino. Sie lösen 5 Eintrittskarten, die fortlaufend durchnummeriert sind. Wie viele verschiedene Sitzverteilungen gibt es?

5 Personen sind auf 5 Plätzen zu verteilen.
Es gibt 5! = 120 verschiedene Sitzverteilungen. Für die Ergebnismenge S gilt also:
$|S| = 120$

Wie wahrscheinlich ist das Ereignis VM, dass die Mutter bei zufälliger Belegung der Plätze rechts neben dem Vater sitzt?

Günstige Fälle: Der Vater kann dabei 4 von den fünf zur Verfügung stehenden Plätzen einnehmen, denn rechts außen darf er nicht sitzen. Die Mutter setzt sich rechts daneben, und die 3 Kinder können auf 3! verschiedene Möglichkeiten die drei restlichen Sitzplätze belegen. Insgesamt gibt es also:
$4 \cdot 3! = 4 \cdot 6 = 24$ günstige Fälle.

$P(VM) = \frac{24}{120} = \frac{1}{5} = 0{,}2$

Beispiel: Geburtstagsproblem

In einer Schulklasse sind 24 Schülerinnen bzw. Schüler. Wie wahrscheinlich ist das Ereignis G, dass mindestens zwei aus der Klasse am gleichen Tag Geburtstag haben, wenn niemand am 29. Februar geboren ist?

Wir berechnen zuerst die Wahrscheinlichkeit des Gegenereignisses von G, des Ereignisses V, dass alle an verschiedenen Tagen Geburtstag haben:

24 Schüler(innen) haben an einem der 365 Tage Geburtstag.

Dies entspricht im Urnenmodell dem Ziehen mit Berücksichtigung der Reihenfolge mit Wiederholung.
mögliche Fälle: $365^{24} \approx 3{,}126286 \cdot 10^{61}$

24 Schüler(innen) sind auf 365 Tage ohne Wiederholung zu verteilen.

Dies entspricht im Urnenmodell dem Ziehen mit Berücksichtigung der Reihenfolge ohne Wiederholung.
günstige Fälle: $365 \cdot 364 \cdot 363 \cdot \ldots \cdot 342 \approx 1{,}443268 \cdot 10^{61}$

Wahrscheinlichkeit für V:

$$P(V) = \frac{365 \cdot 364 \cdot \ldots \cdot 342}{365^{24}} \approx 0{,}461656$$

Berechnung der Wahrscheinlichkeit des Ereignisses G, das Gegenereignis von V:

$P(G) = 1 - P(V) \approx 0{,}538344$

Wie wir berechnet haben, ist es wahrscheinlicher, dass bei 24 Schülerinnen und Schüler mindestens zwei am gleichen Tag Geburtstag haben, als dass alle an verschiedenen Tagen Geburtstag haben.

4 Übungsaufgaben

1. Ebene mit Punkten, Anzahl der Dreiecke
   In der Ebene sind 7 Punkte verteilt A, B, C, D, E, F und G.
   Wie viele verschiedene Dreiecke lassen sich aus diesen Punkten bilden?
   Tipp: Anzahl der Auswahlen 3 aus 7.

2. Klassische Gewinnspiele Lotto, Toto, Pferdetoto
   Ordnen Sie die klassischen Glücksspiele Lotto, Toto und Pferde-Toto den verschiedenen Urnenmodellen zu.
   Beim Lottospiel 6 aus 49 werden nacheinander 6 von 49 Kugeln aus einer Trommel gezogen. Die Kugeln sind von 1 bis 49 durchnummeriert.
   Beim Fußball-Toto sagt man den Ausgang von 11 Spielen voraus. Man kreuzt eine 1 an, wenn die erstgenannte Mannschaft siegt, eine 2 für den Sieg der zweiten Mannschaft und eine 0 für ein Unentschieden.
   Beim Pferde-Toto muss man (jeweils für Rennen A und B) die ersten drei Pferde aus einem Feld von 15 Pferden in der richtigen Reihenfolge vorhersagen.

   ➤ Berechne die Anzahl der möglichen Tippreihen.
   ➤ Berechne die Wahrscheinlichkeit für den jeweiligen „Volltreffer".
   ➤ Berechne die Wahrscheinlichkeit für 3 Richtige im Lottospiel.
   ➤ Berechne die Wahrscheinlichkeit für 10 Richtige im Fußball-Totospiel.
   ➤ Berechne die Wahrscheinlichkeit für die richtige Wahl des Siegpferdes im Pferde-Toto.

3. Prüfungsvorbereitung
   Vor einer Prüfung verteilt der Lehrer einen Fragenkatalog mit 40 Fragen. In der Prüfung werden davon 5 Fragen zur Beantwortung vorgelegt. Sind mindestens 4 Fragen richtig beantwortet, so ist die Prüfung bestanden.
   Ein Schüler wählt davon 20 aus und bereitet sich darauf vor. Wie groß ist die Wahrscheinlichkeit, dass er die Prüfung besteht, wenn er die vorbereiteten Fragen richtig beantwortet und nicht vorbereitete Fragen nicht bearbeitet?
   Tipp: Das Ereignis B (bestanden) setzt sich aus den Elementarereignissen zusammen, dass 4 oder 5 Fragen richtig beantwortet werden.

E Bernoulli-Experimente

Wenn es nur zwei Möglichkeiten gibt

Bei vielen Anwendungen sind nur zwei verschiedene Ergebnisse möglich. Dafür wird dieses Experiment mehrmals hintereinander ausgeführt.

Beispiele für solche Anwendungen sind Qualitätsprüfungen, Überprüfung gewisser Merkmale oder auch Sicherheitstests.

1 Treffer und Nichttreffer

Ein Zufallsexperiment mit nur zwei möglichen Ergebnissen, nennt man ein **Bernoulli-Experiment.**

Bei einem **Bernoulli-Experiment** wird oft das eine (gewünschte) Ergebnis als **Treffer** bezeichnet, das andere als **Nichttreffer**.

Eine Hintereinanderausführung von gleichen Bernoulli-Experimenten heißt **Bernoulli-Kette.**

Beispiel: Urnenmodell

In einer Urne liegen 3 grüne und 5 rote Kugeln. Die Ergebnismenge $S = \{r, g\}$ besteht also aus den zwei Ergebnissen r und g.
Wir ziehen dreimal eine Kugel, die wir aber vor dem folgenden Zug zurücklegen.
Wie groß ist die Wahrscheinlichkeit, dass

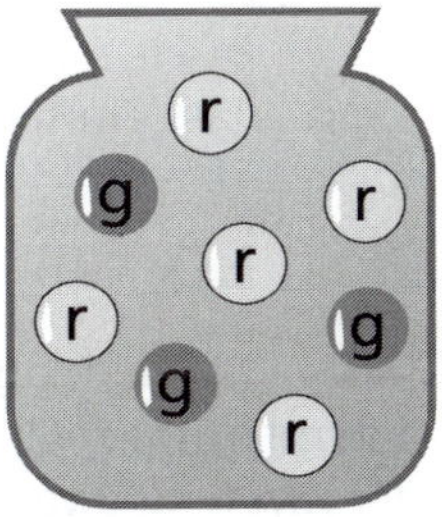

a) dreimal eine rote Kugel gezogen wird,
b) einmal eine rote und zweimal eine grüne Kugel,
c) zweimal eine rote und einmal eine grüne Kugel,
d) dreimal eine grüne Kugel ?

Ein Baumdiagramm soll uns helfen, die Wahrscheinlichkeiten zu berechnen.

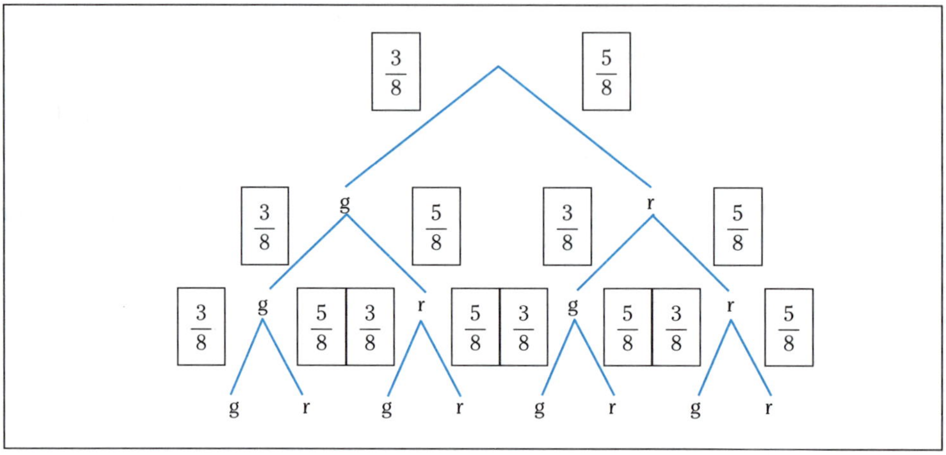

Ereignis rrr, dass dreimal eine rote Kugel gezogen wird:

$$P(rrr) = \frac{5}{8} \cdot \frac{5}{8} \cdot \frac{5}{8} = \frac{125}{512}$$

Ereignis rrg, dass zweimal eine rote Kugel und einmal eine grüne gezogen wird:

$$P(rrg) = 3 \cdot \frac{3}{8} \cdot \frac{5}{8} \cdot \frac{5}{9} = \frac{225}{512}$$

Die Zahl 3 taucht als Faktor in der Formel auf, weil es drei Pfade gibt, in denen zwei rote und eine grüne Kugel gezogen werden können. Wir können auch sagen, das ist die Anzahl der Einserauswahlen (grün) aus einer Dreierauswahl (Kugeln).

Ereignis „rgg“, dass einmal eine rote Kugel und zweimal eine grüne gezogen wird:

$$P(rgg) = 3 \cdot \frac{3}{8} \cdot \frac{3}{8} \cdot \frac{5}{8} = \frac{135}{512}$$

Die Zahl 3 taucht wiederum als Faktor in der Formel auf, weil es drei Pfade gibt, in denen eine rote und zwei grüne Kugel gezogen werden können. Diesmal ist es die Anzahl der Zweierauswahlen (grün) aus einer Dreierauswahl (Kugeln).

Ereignis „ggg“, dass dreimal eine grüne Kugel gezogen wird:

$$P(ggg) = \frac{3}{8} \cdot \frac{3}{8} \cdot \frac{3}{8} = \frac{27}{512}$$

Da wir alle möglichen Ergebnisse betrachtet haben, können wir zur Kontrolle der berechneten Wahrscheinlichkeiten die Ergebnisse addieren. Die Summe muss dann nach unseren Axiomen für die mathematische Wahrscheinlichkeit 1 sein:

$$P(rrr) + P(rrg) + P(rgg) + P(ggg) = \frac{125}{512} + \frac{225}{512} + \frac{135}{512} + \frac{27}{512} = \frac{125 + 225 + 135 + 27}{512} = 1$$

Wenn wir ein **Bernoulli-Experiment** n-mal durchführen und die Wahrscheinlichkeit für einen Treffer jedesmal p ist, so ist die **Wahrscheinlichkeit für k Treffer** in dieser Bernoulli-Kette:

$P_n(k) = \binom{n}{k} p^k (1-p)^{n-k}$

Das Baumdiagramm zu dieser Bernoulli-Kette besteht aus n Stufen.

Erläuterungen zu dieser Formel:

Die Anzahl der k-Auswahlen aus einer n-Auswahl gibt die Anzahl der Pfade im Baumdiagramm an, bei denen k-mal der Treffer gewählt wurde und (n – k)-mal der Nichttreffer.

Jeder Treffer hat die Wahrscheinlichkeit p, also steht in der Formel der Faktor p^k für die Pfadstücke, die die Wahl des Treffers repräsentieren.

Jeder Nichttreffer hat die Wahrscheinlichkeit (1 – p) und wird (n – k)-mal gewählt. Also geht $(1-p)^{n-k}$ als Faktor in die Formel ein.

Beispiel: de-Méré-Spiel

Wie groß ist die Wahrscheinlichkeit, bei 24 Würfen mit zwei Würfeln

a) keinmal einen Doppelsechser zu würfeln,
b) sechsmal einen Doppelsechser zu würfeln,
c) zwölfmal einen Doppelsechser zu würfeln,
d) jedesmal einen Doppelsechser zu würfeln?

Das de-Méré-Spiel (Wurf mit zwei Würfeln und Frage nach Doppelsechser) ist einer der Ausgangspunkte der mathematischen Wahrscheinlichkeitsrechnung. Herr de Méré wandte sich mit einer Frage an seinen Zeitgenossen, den französischen Mathematiker und Philosophen *Pascal* (1623–1662). Er wollte wissen, wie oft man mit zwei Würfeln werfen müsse, damit die Wahrscheinlichkeit für einen Doppelsechser größer als $\frac{1}{2}$ sei. Pascal trat daraufhin in einen Briefwechsel mit seinem Kollegen *Fermat* (1601–1665). So wurden Grundlagen für die Wahrscheinlichkeitsrechnung entwickelt.

Wahrscheinlichkeit für das Ereignis, keinen Doppelsechser zu würfeln:

$$P_{24}(0) = \binom{24}{0} \cdot \left(\frac{1}{36}\right)^0 \cdot (1 - \frac{1}{36})^{24-0} \approx 0{,}508596$$

Wahrscheinlichkeit für das Ereignis, sechs Doppelsechser zu würfeln:

$$P_{24}(6) = \binom{24}{6} \cdot \left(\frac{1}{36}\right)^6 \cdot \left(1 - \frac{1}{36}\right)^{18} \approx 0{,}000037$$

Wahrscheinlichkeit für das Ereignis, zwölf Doppelsechser zu würfeln:

$$P_{24}(12) = \binom{24}{12} \cdot \left(\frac{1}{36}\right)^{12} \cdot (1 - \frac{1}{36})^{12} \approx 4{,}0699 \cdot 10^{-13}$$

Wahrscheinlichkeit für das Ereignis, jedesmal einen Doppelsechser zu würfeln:

$$P_{24}(24) = \binom{24}{24} \cdot \left(\frac{1}{36}\right)^{24} \cdot (1 - \frac{1}{36})^{0} \approx 0$$

Beispiel: Schrauben

Von einer Lieferung aus 100 000 Schrauben haben 500 ein defektes Gewinde. 5 Schrauben werden geprüft. Die 5 Schrauben werden aus der Lieferung durch 5-mal Ziehen mit Zurücklegen ausgewählt.
Wie groß ist die Wahrscheinlichkeit, dass genau eine der 5 Schrauben ein defektes Gewinde hat?

Die Wahrscheinlichkeit, dass *genau eine Schraube* ein defektes Gewinde hat, beträgt:

$$P_5(1) = \binom{5}{1} \cdot \left(\frac{5}{1000}\right)^{1} \cdot (1 - \frac{5}{1000})^{4} = 0{,}024504$$

Wie ändert sich die Wahrscheinlichkeit, wenn *ohne Zurücklegen* 5 Schrauben herausgegriffen werden?

$$P(1) = \binom{5}{1} \cdot \frac{500}{100\,000} \cdot \frac{99\,500}{99\,999} \cdot \frac{99\,449}{99\,998} \cdot \frac{99\,448}{99\,997} \cdot \frac{99\,447}{99\,996} \approx 0{,}024468$$

Diese Wahrscheinlichkeit unterscheidet sich von der obigen kaum, denn:

$$\frac{99\,500}{99\,500} \approx \frac{99\,449}{99\,998} \approx \frac{99\,448}{99\,997} \approx \frac{99\,447}{99\,996} \approx \frac{99\,500}{100\,000}$$

Die Brüche haben fast den gleichen Wert. Deshalb benutzt man gern auch die obige Formel, wenn man aus einer großen Gesamtheit nur wenige Elemente entnimmt.

Beachte:
Ist die Gesamtheit der vorhandenen Elemente und die Zahl der ausgezeichneten Elemente (z. B. die defekten) sehr viel größer als die Entnahmemenge, so *unterscheiden sich die Wahrscheinlichkeiten für das Ziehen mit und ohne Zurücklegen kaum*. Man greift dann auf die Bernoulli-Formel zurück, um einfacher rechnen zu können.

Beispiel: Lieferung von Taschenrechnern

In einer Lieferung Taschenrechner sind von 10 000 Stück 2 000 defekt.
Eine Schulklasse erhält aus dieser Lieferung 30 Stück. Der Lehrer prüft vor der Vergabe an die Schüler 3 Rechner (mit Zurücklegen).
Wie groß ist die Wahrscheinlichkeit, dass höchstens ein Rechner defekt ist?

$$P_3(\leq 1) = P_3(0) + P_3(1) = \binom{3}{0} \cdot 0{,}2^0 \cdot 0{,}8^3 + \binom{3}{1} \cdot 0{,}2^1 \cdot 0{,}8^2 \approx 0{,}896$$

Wie groß ist die Wahrscheinlichkeit, dass alle 30 gelieferten Rechner *nicht* defekt sind? Wir benutzen die Bernoulli-Formel.

$$P_{30}(0) = \binom{30}{0} \cdot 0{,}2^0 \cdot 0{,}8^{30} \approx 0{,}001$$

Dieses Ereignis ist also wenig wahrscheinlich!

2 Übungsaufgaben

1. Urlaubswetter
   Die Ferien nahen. Eine Jugendgruppe will ein Camp an Englands Ostküste veranstalten. Leider darf man dort nicht viel Sonnenschein erwarten. Die Erfahrung gibt für „schönes Wetter“ die Wahrscheinlichkeit von 0,4 im August an. Wie groß ist die Wahrscheinlichkeit für das Ereignis W, dass die Gruppe an 10 von 14 Tagen im August schönes Wetter hat?

2. Geschwister
   Eine Familie hat vier Kinder.
   Wie groß ist die Wahrscheinlichkeit für das Ereignis H, dass sie zwei Jungen und zwei Mädchen hat, wenn wir davon ausgehen, dass Jungen und Mädchen gleichverteilt sind?
   Die Wahrscheinlichkeit beträgt 0,375 und nicht, wie vielleicht erwartet, $\frac{1}{2}$.

3. Multiple-Choice-Test
   Ein Kandidat muss sich einem Test unterziehen, der in Multiple-Choice-Form durchgeführt wird. Zu jeder der 8 Fragen werden 4 Antworten angeboten, von denen 1 richtig ist und 3 falsch sind. Bestanden ist der Test, wenn mindestens 6 von 8 Fragen korrekt beantwortet worden sind.
   Wie groß ist die Wahrscheinlichkeit für das Ereignis B, dass der Kandidat den Test besteht, wenn er nur zufällig die Fragen beantwortet?

4. Wartung
   In einem Gebäude mit 10 Fahrstühlen weiß man aus Erfahrung, dass nach der Nutzung über den Zeitraum von einem Jahr 8 von 10 nicht einem Reparaturservice unterzogen werden müssen.
   Wie groß ist die Wahrscheinlichkeit für das Ereignis R, dass in einem Jahr 5 von 10 Fahrstühle repariert werden müssen?

F Unvereinbare, vereinbare Ereignisse

Wie man die Wahrscheinlichkeit von Oder-Ereignissen berechnet

Bis jetzt haben wir die Wahrscheinlichkeit für Ereignisse mithilfe eines Modells jeweils neu berechnet. Nur wenn wir die Wahrscheinlichkeit des Gegenereignisses errechnen wollten, konnten wir die schon bekannte Wahrscheinlichkeit für das Ereignis zur Berechnung nutzen.

Für die Berechnung *zusammengesetzter Ereignisse* eines Zufallsexperimentes soll nun ausgenutzt werden, dass die Wahrscheinlichkeit der Einzelereignisse bereits bekannt ist. In diesem Kapitel wird so die Wahrscheinlichkeit von Oder-Ereignissen berechnet, also die Wahrscheinlichkeit, dass mindestens eines der *Oder*-verknüpften Ereignisse eintritt.

1 Additionssatz für unvereinbare Ereignisse

Ereignisse, die sich gegenseitig ausschließen, werden **unvereinbar** genannt. Sie haben keine gemeinsamen Ergebnisse.

Beispiel: Silbenzahl in deutschen Texten

Es werden die Silben von deutschen Wörtern gezählt.

Silbenzahl	1	2	3	4	5 und mehr
Wahrscheinlichkeit	0,55	0,3	0,1	0,04	0,01

Die Wahrscheinlichkeit für die *Elementarereignisse* wurde durch umfangreiche Erhebungen bestimmt. Für *andere Ereignisse* lässt sie sich berechnen.

$P(\{1, 2, 3\}) = P(\{1\}) + P(\{2\}) + P(\{3\}) = P(\{1, 2\}) + P(\{3\}) = 0{,}85 + 0{,}1 = 0{,}95$

Aufgabe:
Berechnen Sie die Wahrscheinlichkeit für:
a) P({1, 5 und mehr})
b) P({1, 2 ,3 ,4})
c) P({2 ,3 ,4})

Die Wahrscheinlichkeit, dass von mehreren **paarweisen unvereinbaren** Ereignissen mindestens eines eintrifft, ist gleich der **Summe der Wahrscheinlichkeiten der einzelnen Ereignisse.**

Dies ist eine Verallgemeinerung des Axioms III für die mathematische Wahrscheinlichkeit und eine Verallgemeinerung der Pfadregel 2 auf ein- und mehrstufige Zufallsexperimente.

Beispiel: Skatspiel

In einem Skatspiel mit 32 Karten gibt es 4 Asse und für die roten Farben Herz und Karo je 4 Zahlkarten.

Für die Wahrscheinlichkeit, aus dem Kartenspiel ein Ass zu ziehen, gilt also:

$P(\{Ass\}) = \frac{4}{32} = \frac{1}{8}$

Ebenso gilt:

$P(\{Herz\text{-}Zahl\}) = \frac{4}{32} = \frac{1}{8}$ und
$P(\{Karo\text{-}Zahl\}) = \frac{4}{32} = \frac{1}{8}$

Da $\{Ass\} \cap \{Herz\text{-}Zahl\} = \{Ass\} \cap \{Karo\text{-}Zahl\} = \{Herz\text{-}Zahl\} \cap \{Karo\text{-}Zahl\} = \{\ \}$ ist, wird die Wahrscheinlichkeit, ein „Ass“ oder eine„ rote Zahlkarte“ zu ziehen, berechnet durch:

$P(\{Ass\} \cup \{Herz\text{-}Zahl\} \cup \{Karo\text{-}Zahl\}) = \frac{1}{8} + \frac{1}{8} + \frac{1}{8} = \frac{3}{8}$

2 Additionssatz für beliebige Ereignisse

Wir bleiben bei unserem obigen Beispiel.

Beispiel: Skatspiel

Betrachten wir weitere Ereignisse, die durch die Auswahl von Karten eines Skatspieles bestimmt sind.
Wie groß ist die Wahrscheinlichkeit für das Ereignis BZ, eine Bildkarte oder eine Zehn zu ziehen?

$P(BZ) = \frac{20}{32} = \frac{5}{8}$

Wie groß ist die Wahrscheinlichkeit für das Ereignis R, eine rote Karte zu ziehen?

$P(R) = \frac{16}{32} = \frac{1}{2}$

Wie groß ist die Wahrscheinlichkeit für das Ereignis BZ∪R, eine Bildkarte oder eine Zehn oder eine rote Karte zu ziehen?

$P(BZ \cup R) = \frac{5}{8} + \frac{1}{2} = ???$

Dies kann keine richtige Berechnung der Wahrscheinlichkeit sein, denn der Wert ist größer als 1. Dies widerspricht den Eigenschaften der mathematischen Wahrscheinlichkeit. Was wurde hier falsch gemacht?

Untersuchen wir doch dieses Ereignis etwas näher. Wenn wir die verschiedenen Möglichkeiten an Auswahl betrachten, stellen wir fest:

BZ∩R = {rote Bildkarten oder rote Zehn} ≠ { }

Somit ist BZ und R nach unserer bisherhigen Voraussetzung nicht unvereinbar. Wir können die Wahrscheinlichkeit von BZ∪R nicht als Summe der Einzelereignisse berechnen, denn wir hätten diejenigen Karten doppelt gezählt, die in BZ und in R und somit in BZ∩R sind.

Anhand einer Figur überlegen wir, wie wir allgemein für ein *Oder-Ereignis* A∪B die Wahrscheinlichkeit berechnen können. Der schnellste Weg dazu ist, dass wir A∪B in *paarweise unvereinbare Mengen* aufteilen.

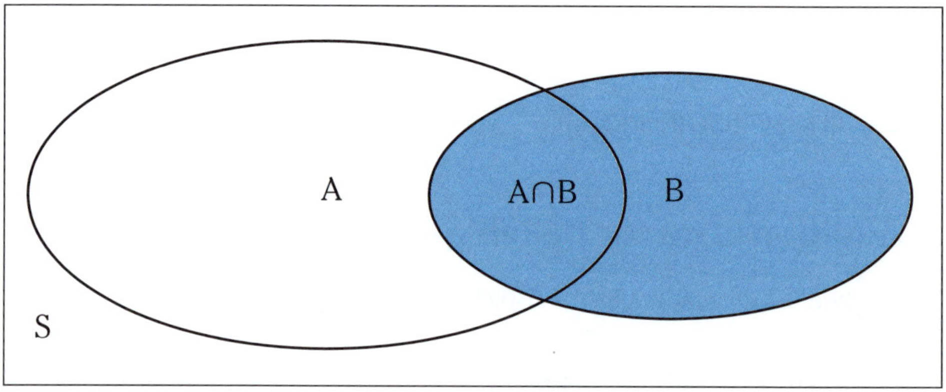

Das Ereignis A∪B tritt ein, wenn entweder A∩B oder $\overline{A}$∩B oder A∩$\overline{B}$ eintritt. Für diese drei Ereignisse gilt, dass sie paarweise unvereinbar sind. Also können wir die Wahrscheinlichkeit berechnen als Summe der Wahrscheinlichkeiten der Einzelereignisse.

$P(A \cup B) = P(A \cap B) + P(\overline{A} \cap B) + P(A \cap \overline{B})$

Diese Formel ist noch sehr unpraktisch, da $\overline{A}$ und $\overline{B}$ darin vorkommen. Wir überlegen, wie wir ohne $\overline{A}$ und $\overline{B}$ rechnen können. Da aber auch gilt:

$A = (A \cap B) \cup (A \cap \overline{B})$

mit $A \cap B$ und $A \cap \overline{B}$ unvereinbar und

$B = (A \cap B) \cup (\overline{A} \cap B)$

mit $A \cap B$ und $\overline{A} \cap B$ ebenfalls unvereinbar, so ist:

$P(A) = P(A \cap B) + P(A \cap \overline{B})$ und $P(B) = P(A \cap B) + P(\overline{A} \cap B)$

und dann:

$P(A \cap \overline{B}) = P(A) - P(A \cap B)$ und $P(\overline{A} \cap B) = P(B) - P(A \cap B)$

Dies in die Gleichung für $P(A \cup B)$ von der vorigen Seite eingesetzt ergibt:

$P(A \cup B) = P(A) + P(B) - P(A \cap B)$.

Die Wahrscheinlichkeit, dass von zwei Ereignissen A und B mindestens eins eintritt, also die Wahrscheinlichkeit des **Oder-Ereignisses $A \cup B$**, wird berechnet durch

$P(A \cup B) = P(A) + P(B) - P(A \cap B)$

Als **Merkvers** kann dienen: **Doppeltes wird abgezogen.**

Die Gleichung für unvereinbare Ereignisse ergibt sich als Spezialfall aus dieser letztgenannten, denn für unvereinbare Ereignisse A und B ist $A \cap B = \{ \}$, und somit $P(A \cap B) = 0$

Bei der Berechnung von $P(A \cup B)$ wird die Wahrscheinlichkeit $P(A \cap B)$ benötigt. Wenn $P(A \cap B)$ nicht direkt bestimmt werden kann aufgrund der Beobachtungen, so gibt es die Möglichkeit, diese Wahrscheinlichkeit mithilfe von $P(A)$ und $P(B)$ zu berechnen. Dies wird in Kapitel G behandelt.

Beispiel: Augensumme

Es wird mit zwei fairen Würfeln geworfen. Wir interessieren uns für die Wahrscheinlichkeit dafür, dass gilt:
Die Augensumme ist größer als 9 oder mit beiden Würfeln wurde die gleiche Zahl geworfen.

Die Ergebnismenge S besteht aus 36 Zahlenpaaren, also ist $|S| = 36$. Dies sind alle möglichen Fälle.

Ereignis N: Augensumme ist größer als 9.
Das Ereignis N tritt ein, wenn folgende Zahlenpaare geworfen wurden:

(6|6), (6|5), (6|4), (5|5), (5|6), (4|6)

Dies sind die möglichen Fälle. Wahrscheinlichkeit für N:

$$P(N) = \frac{6}{36} = \frac{1}{6}$$

Das Ereignis E (gleiche Zahl) tritt ein, wenn folgende Zahlenpaare geworfen wurden:

(6|6), (5|5), (4|4), (3|3), (2|2), (1|1)

Dies sind die möglichen Fälle für das Ereignis E. Wahrscheinlichkeit für E:

$$P(E) = \frac{6}{36} = \frac{1}{6}$$

Da $E \cap N = \{(5|5), (6|6)\}$, gilt für die Wahrscheinlichkeit von $E \cup N$:

$$P(E \cup N) = P(E) + P(N) - P(E \cap N) = \frac{1}{6} + \frac{1}{6} - \frac{2}{36} = \frac{5}{18}$$

3 Übungsaufgaben

1. Lostrommel mit 99 Losen
In einer Lostrommel liegen 99 Losen, beschriftet mit den Zahlen von 1 bis 99. Jedes Los mit einer durch 3 teilbaren Zahl erhält einen Trostpreis, die Lose mit den Zahlen 20, 50 und 70 einen Hauptpreis.
   a) Wie groß ist die Wahrscheinlichkeit, einen Preis zu gewinnen ?
   b) Wie ändert sich die Wahrscheinlichkeit, einen Preis zu gewinnen, wenn alle Lose mit Zahlen, die durch 11 teilbar sind, einen Hauptpreis erhalten?

2. Primzahlen
In einer Urne befinden sich 20 Kugeln, die mit den Zahlen 1 bis 20 beschriftet sind.
   a) Wie groß ist die Wahrscheinlichkeit für das Ereignis Pr, eine Primzahl zu ziehen?
   b) Wie groß ist die Wahrscheinlichkeit für das Ereignis Gr, eine gerade Zahl zu ziehen?
   c) Wie groß ist die Wahrscheinlichkeit für das Ereignis $Pr \cup Gr$, eine Primzahl oder eine gerade Zahl zu ziehen?

3. Hausgeräte
Von bundesdeutschen Haushalten haben 96 % eine Waschmaschine und 62 % einen Wäschetrockner. 61 % der Haushalte besitzen beide Geräte.
Wie groß ist die Wahrscheinlichkeit für das Ereignis $W \cup T$, eine Waschmaschine oder einen Wäschetrockner zu besitzen?

4. Jeansfabrikation
Bei der Herstellung von Jeans können Nähfehler oder Materialfehler auftreten. Von 60 in der Endkontrolle geprüften Jeans haben 4 einen Nähfehler, davon hat eine keinen zusätzlichen Materialfehler. 7 haben einen Materialfehler.
Wie groß ist die Wahrscheinlichkeit für das Ereignis, dass die Hose aufgrund mindestens eines Fehlers nicht ausgeliefert werden kann?

G Bedingte Wahrscheinlichkeit

Wenn man schon etwas weiß

Bei mehrstufigen Zufallsexperimenten ändern sich in der zweiten Stufe die Wahrscheinlichkeiten, wenn es sich um ein Zufallsexperiment handelt nach dem Modell *Ziehen ohne Zurücklegen*. Wenn wir ein Experiment durchführen nach dem Modell *Ziehen mit Zurücklegen*, so ändern sich die Wahrscheinlichkeiten von der ersten zur zweiten und zu jeder weiteren Stufe *nicht*.

Was sind das für Wahrscheinlichkeiten in der zweiten oder einer weiteren Stufe?

Es ist die Wahrscheinlichkeit für ein Ereignis, wenn das Eintreffen eines bestimmten Ereignisses in der vorigen Stufe vorausgesetzt wird. Diese Wahrscheinlichkeit wird bedingte Wahrscheinlichkeit genannt.

Mithilfe der bedingten Wahrscheinlichkeit lassen sich weitere noch nicht bekannte Wahrscheinlichkeiten berechnen, und zwar die Wahrscheinlichkeit für Und-Ereignisse und die bedingte Wahrscheinlichkeit, bei der Bedingung und Ereignis vertauscht werden. Dies ist zum Beispiel bei ärztlichen Diagnosen ein brauchbares und sinnvolles Hilfsmittel.

1 Multiplikationssatz

Wir setzen voraus, dass das Ereignis A schon eingetreten ist.
Die Wahrscheinlichkeit für das Ereignis B unter dieser Annahme wird **bedingte Wahrscheinlichkeit von B unter der Bedingung A** genannt.
Schreibweise: $P(B|A)$ (auch $P_A(B)$).

Schreiben wir die uns schon bekannte Pfadregel hin, so erhalten wir den

Multiplikationssatz der Wahrscheinlichkeitsrechnung:

(*) $P(A \cap B) = P(A) \cdot P(B|A)$,

wobei A das Ereignis in der ersten Stufe ist, B das Ereignis in der zweiten Stufe und $A \cap B$ das Ereignis, dass A in der ersten Stufe und B in der zweiten Stufe eintritt.

Beispiel: Produktionsbetrieb

In einem Produktionsbetrieb stehen zwei Fertigungsanlagen. Auf der ersten Anlage werden 80 % der Produkte hergestellt, auf der zweiten 20 %. Die erste Anlage ist die modernere. Dort sind 95 % der hergestellten Güter von guter Qualität und verkaufsfähig, auf der zweiten sind es nur 65 %.

a) Mit welcher Wahrscheinlichkeit ist ein Produkt gut und auf der ersten Anlage gefertigt?

b) Mit welcher Wahrscheinlichkeit ist ein Produkt gut und auf der zweiten Anlage gefertigt?

c) Mit welcher Wahrscheinlichkeit ist ein Produkt gut?

Wir benennen die verschiedenen Ereignsisse:
A_1: Ereignis, dass das Produkt auf der ersten Anlage gefertigt wurde.
A_2: Ereignis, dass das Produkt auf der zweiten Anlage gefertigt wurde.
Q: Ereignis, dass das Produkt von guter Qualität ist.

Aus der Aufgabe ist bekannt:

$P(A_1) = 0{,}8$ und $P(A_2) = 0{,}2$, sowie:
$P(Q|A_1) = 0{,}95$ und $P(Q|A_2) = 0{,}65$.

Wir berechnen die gesuchten Wahrscheinlichkeiten:

$P(Q \cap A_1) = P(A_1) \cdot P(Q|A_1) = 0{,}8 \cdot 0{,}95 = 0{,}76$
$P(Q \cap A_2) = P(A_2) \cdot P(Q|A_2) = 0{,}2 \cdot 0{,}65 = 0{,}13$

Nach den Regeln des letzten Kapitels gilt:

$P(Q) = P(Q \cap A_1) + P(Q \cap A_2) = 0{,}76 + 0{,}13 = 0{,}89$,

denn $Q \cap A_1$ und $Q \cap A_2$ sind jeweils unvereinbare Ereignisse.

Wir zeichnen das Baumdiagramm dafür:

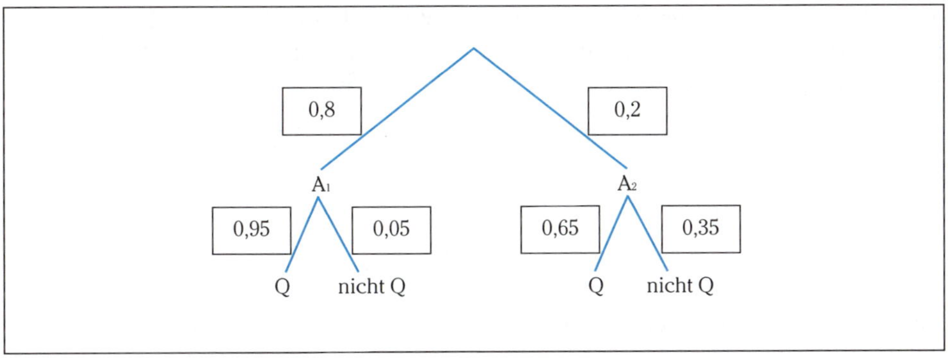

2 Berechnung der bedingten Wahrscheinlichkeit

Manchmal ist auch die Wahrscheinlichkeit des Ereignisses A (der ersten Stufe) oder vom Ereignis B bekannt, sowie die Wahrscheinlichkeit von $A \cap B$. Dann können wir die bedingte Wahrscheinlichkeit berechnen. Wir formen die Gleichung des Multiplikationssatzes um.

Dabei setzen wir voraus, dass $P(A) \neq 0$ bzw. $P(B) \neq 0$ ist .

(**) $P(A|B) = \frac{P(A \cap B)}{P(B)}$ $\quad$ $P(B|A) = \frac{P(A \cap B)}{P(A)}$

Beispiel: Produktionsbetrieb

Wir betrachten nochmals unseren Produktionsbetrieb.

$P(Q|A_1) = 0{,}95$ und $P(Q|A_2) = 0{,}65$ sind bekannte Werte aus der Betriebsstatistik. Jetzt können wir aber auch folgende Frage beantworten:
Wir greifen ein beliebiges gutes Teil heraus. Wie groß ist die Wahrscheinlichkeit, dass es von der ersten Anlage gefertigt wurde? Dies ist die Frage nach der Wahrscheinlichkeit $P(A_1|Q)$.

$$P(A_1|Q) = \frac{P(PA_1 \cap Q)}{P(Q)} = \frac{0{,}76}{0{,}89} \approx 0{,}8539$$

Aufgabe:
Berechne nun auch die Wahrscheinlichkeit $P(A_2|Q)$.

3 Bayesscher Satz

Wenn wir die Gleichungen (*) und (**) beide benutzen, so erhalten wir eine dritte Gleichung zur Berechnung einer bedingten Wahrscheinlichkeit. Und zwar eine Gleichung, die uns erlaubt, aus der bedingten Wahrscheinlichkeit $P(B|A)$ und der absoluten Wahrscheinlichkeit $P(A)$ die bedingte Wahrscheinlichkeit $P(A|B)$ zu berechnen. Dies ist die Wahrscheinlichkeit, bei der Bedingung und Ereignis vertauscht sind. Wir ersetzen den Zähler von (**) durch die rechte Seite von (*):

Satz von Bayes

(***) $P(A|B) = \frac{P(A) \cdot P(B|A)}{P(B)}$

Diese Gleichung kann auch dem Arzt helfen, Diagnoseergebnisse richtig zu beurteilen.

Beispiel: Tbc-Test

Wer im Schuldienst arbeitet, muss sich einem Tbc-Test unterziehen. Früher wurden zur Erkennung von Tbc oft auch Reihenuntersuchungen durchgeführt. Man weiß daher, dass der Test sehr zuverlässig ist. Die Wahrscheinlichkeit, dass die Krankheit nicht erkannt wird, ist äußerst gering. (Der Fehler liegt bei 0,00001!) Ebenso wird ein Gesunder selten als krank verdächtigt. Die Wahrscheinlichkeit dafür liegt bei 0,0001. Weiter ist bekannt, dass von 100 000 Personen etwa 1 Person an Tbc erkrankt ist.
Der Test wird an Herrn Grün und Frau Roth durchgeführt. Herr Grün erhält als Testergebnis, dass kein Verdacht auf Tbc besteht (Test negativ). Frau Roth muss zur Nachuntersuchung, weil das Testergebnis sie als Tbc-verdächtig ausweist (Test positiv).
Kann Herr Grün jetzt beruhigt sein und muss Frau Roth sich große Sorgen machen?

Rechnen wir nach.
Ereignis G: Testperson ist gesund.
Ereignis K: Testperson ist krank.

Ereignis Neg: Test liefert keinen Verdacht auf Tbc.
Ereignis Pos: Test liefert Verdacht auf Tbc.

Gesucht sind folgende Wahrscheinlichkeiten: $P(K|Neg)$ und $P(G|Pos)$.

Aus der Situation sind bekannt:
$P(Neg|K) = 0{,}00001$ und $P(Pos|G) = 0{,}0001$, sowie
$P(K) = 0{,}00001$

Wir benötigen noch die Wahrscheinlichkeit P(Neg), d. h. die Wahrscheinlichkeit für ein negatives Testergebnis. Sie setzt sich zusammen aus der Wahrscheinlichkeit, dass jemand krank ist und ein negatives Testergebnis hat und aus der Wahrscheinlichkeit, dass jemand gesund ist und ein negatives Testergebnis hat.

$$P(Neg) = P(K) \cdot P(Neg|K) + P(G) \cdot P(Neg|G)$$

P(K) ist bekannt und $P(G) = 1 - P(K)$, da G das Gegenereignis von K ist.
Ebenso ist P(Pos|G) bekannt und $P(Neg|G) = 1 - P(Pos|G)$.

$$P(Neg) = 0{,}00001 \cdot 0{,}00001 + 0{,}99999 \cdot 0{,}9999 \approx 0{,}99989\ldots$$

$$P(K|Neg) = \frac{P(K) \cdot P(Neg|K)}{P(Pos)} = \frac{0{,}00001 \cdot 0{,}00001}{0{,}00011} \approx 1{,}0001 \cdot 10^{-10}$$

$$P(G|Pos) = \frac{P(G) \cdot P(Pos|G)}{P(Pos)} = \frac{0{,}99999 \cdot 0{,}00001}{0{,}00011} \approx 0{,}909098$$

Das Restrisiko für Herrn Grün, dennoch krank zu sein, ist also sehr klein. Auch Frau Roth braucht sich noch keine zu große Sorgen zu machen. Die Wahrscheinlichkeit, doch gesund zu sein, ist mit etwa 0,91 recht groß. Dies liegt daran, dass es sehr viel mehr Gesunde als Tbc-Kranke gibt.

Merke:
$P(A|B)$ und $P(B|A)$ sind verschieden:
- $P(A|B)$ ist die Wahrscheinlichkeit für das Ereignis A, wenn B bereits eingetreten ist.
- $P(B|A)$ ist die Wahrscheinlichkeit für B, wenn A schon eingetreten ist.

Eine Verwechslung kann zu schlimmen Fehlschlüssen führen, wie das folgende Beispiel zeigt.

Beispiel: Tatverdacht

Die Polizei ermittelte in einem Kriminalfall und wusste, dass der Täter ein gewisses Merkmal besitzt. Dieses Merkmal M tritt mit der Wahrscheinlichkeit von $P(M) = 0{,}02$ in der für die Tat in Frage kommenden Personengruppe auf. Diese Personengruppe umfasste 10 000 Personen. Eine Person mit dem Merkmal M wurde gefasst. Der Sachverständige meinte, die Polizei habe mit 98 % Sicherheit den Täter gefunden.

Was war hier falsch gelaufen? Rechnen wir zuerst die richtige Wahrscheinlichkeit aus.

T sei das Ereignis, „Täter“ zu sein.
Bekannt sind: $P(M) = 0{,}02$ $\quad P(T) = \frac{1}{10\,000} = 0{,}0001$ $\quad P(M|T) = 1.$
Dann rechnet man $P(T|M)$ aus mit dem Satz von Bayes:

$$P(T|M) = \frac{P(T) \cdot P(M|T)}{P(M)} = \frac{0{,}0001 \cdot 1}{0{,}02} = 0{,}005$$

Wenn eine Person gefunden wurde, die das Merkmal M hat, so ist aufgrund der großen Anzahl der Personengruppe und damit auch der Personen mit diesem Merkmal (entsprechend der Wahrscheinlichkeit 200) die Wahrscheinlichkeit recht klein dafür, dass der Täter ergriffen wurde. Sie liegt hier bei 0,005.

Vermutlich hat in unserem Beispiel der „Sachverständige“ die Wahrscheinlichkeit $P(M|T)$ falsch abgeschätzt und mit $P(T|M)$ verwechselt. Für die Person mit dem Merkmal M könnte dies ein verhängnisvoller Irrtum gewesen sein.

4 Schnelles Rechnen mit der Vierfeldertafel

Die bedingte Wahrscheinlichkeit P(A|B) ist eine Wahrscheinlichkeit, die bei Gleichverteilung *die Anzahl der möglichen Fälle* in Beziehung setzt zu *der Anzahl der Elemente aus B* und nicht, wie bei der absoluten Wahrscheinlichkeit, zu *allen möglichen Fällen*, also zu den Elementen der Ergebnismenge S. Es liegt also eine Einschränkung der Betrachtungsweise auf B vor.

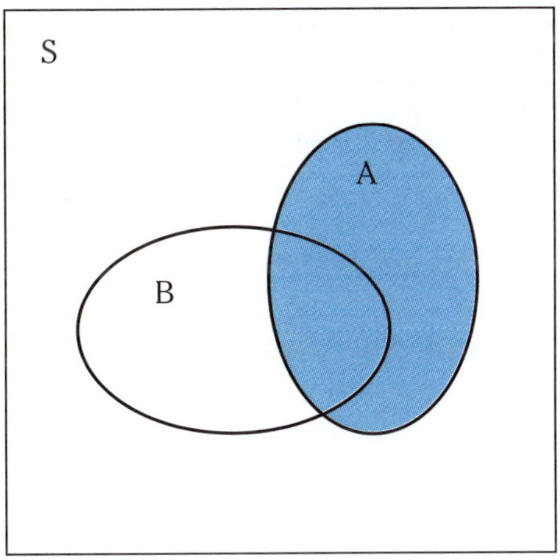

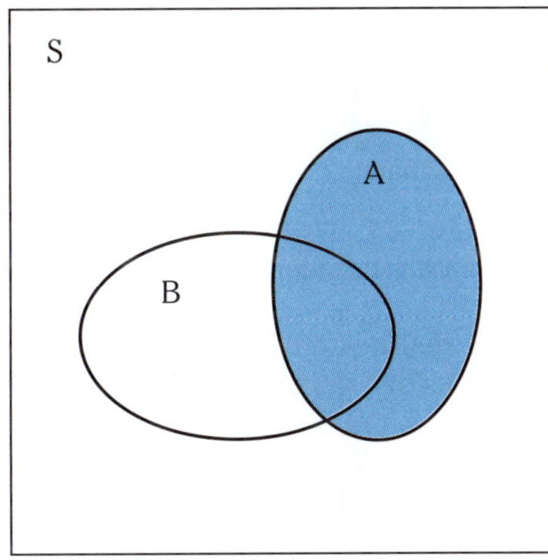

Normierung:

$P(S) = \frac{|S|}{|S|} = 1$

$P(A) = \frac{|A|}{|S|}$

Normierung:

$P(B|B) = 1$

$$P(A|B) = \frac{P(A \cap B)}{P(B)} = \frac{\frac{|A \cap B|}{|S|}}{\frac{|B|}{|S|}} = \frac{|A \cap B|}{|B|}$$

(|S| wird aus dem Doppelbruch gekürzt!)

Mit diesem Wissen können wir die Vierfeldertafel als Hilfsmittel zur schnellen Berechnung von bedingten Wahrscheinlichkeiten einsetzen.
Betrachten wir folgendes Beispiel aus der Schulstatistik.

Beispiel: Öffentlicher Nahverkehr

Von den 1000 Schülern einer Schule sind 60 % Auswärtige. Von den auswärtigen Schülern benutzen 420 öffentliche Verkehrsmittel. Von den einheimischen Schülern können 320 auf öffentliche Verkehrsmittel verzichten.

	Auswärtige	Einheimische	Zeilensumme
ÖNV-Nutzer	**420**	80	500
ohne ÖNV	180	**320**	500
Spaltensumme	**600**	400	Gesamtsumme **1000**

Die 4 mittleren Zellen geben dieser Tabelle ihren Namen: Vierfeldertafel.

Die fett gedruckten Zahlen sind aus der Aufgabenstellung bekannt. Die übrigen wurde aus den gegebenen Werten berechnet.

Um bedingte Wahrscheinlichkeiten zu berechnen wie
P(A|ÖNV) oder P(ohne ÖNV|A),
brauchen wir nur die 4 mittleren Werte der Vierfeldertafel und die Zeilen-, Spalten- und Gesamtsummen.

Schauen wir uns dazu die Vierfeldertafel genau an. Was wird in einer solchen Tabelle eingetragen?

	B	$\overline{B}$ (Gegenereignis)	Zeilensumme
A	$\|A\cap B\|$	$\|A\cap \overline{B}\|$	$\|A\|$
$\overline{A}$ (Gegenereignis)	$\|\overline{A}\cap B\|$	$\|\overline{A}\cap \overline{B}\|$	$\|\overline{A}\|$
Spaltensumme	$\|B\|$	$\|\overline{B}\|$	Gesamtsumme $\|S\|$

Dies sind aber die Anzahlen, wie wir oben gesehen haben, die wir zur Berechnung der bedingten Wahrscheinlichkeit brauchen.

Wahrscheinlichkeit, dass ein ÖNV-Nutzer ein auswärtiger Schüler ist:

$P(A|\text{ÖNV}) = \frac{420}{500} = 0{,}84$

Wahrscheinlichkeit, dass ein auswärtiger Schüler ein ÖNV-Nutzer ist:

$P(\text{ÖNV}|A) = \frac{420}{600} = 0{,}7$

Wahrscheinlichkeit, dass ein einheimischer Schüler kein ÖNV-Nutzer ist:

$P(\text{ohne ÖNV}|E) = \frac{320}{400} = 0{,}8$

Bezogen auf ein fest gewähltes Ereignis B besitzt die bedingte Wahrscheinlichkeit alle Eigenschaften, die auch die absolute Wahrscheinlichkeit hat. Es gelten alle Axiome.

I $0 \le P(A|B) \le 1$

II $P(B|B) = 1$

III $P(A \cup D|B) = P(A|B) + P(D|B)$, wenn $A \cap D = \{\}$ ist.

Ebenso gelten auch alle Folgerungen daraus, wie die Wahrscheinlichkeit für das Gegenereignis: $P(\overline{A}|B) = 1 - P(A|B)$

Auch dies kann nützlich sein, wenn man bedingte Wahrscheinlichkeiten ausrechnen will.

5 Übungsaufgaben

1. Urnenmodell
   In einer Urne liegen fünf rote, drei gelbe und zwei grüne Kugel. Drei Kugeln werden nacheinander ohne Zurücklegen gezogen.
   a) Wie groß ist die Wahrscheinlichkeit, dass nur Kugeln mit der gleichen Farbe gezogen werden?
   b) Mit welcher Wahrscheinlichkeit wird beim dritten Ziehen eine grüne Kugel gezogen?
   Tipp: Baumdiagramm

2. Gute Noten
   Am Ende des Schuljahres haben 15 % aller Schüler einer Klasse eine gute Physiknote und 20 % aller Schüler eine gute Chemienote. 10 % haben in beiden Fächern eine gute Note.
   Ein Schüler wird zufällig ausgewählt.
   a) Er hat eine gute Physiknote.
   Wie groß ist die Wahrscheinlichkeit, dass er auch eine gute Chemienote hat?
   b) Er hat eine gute Chemienote.
   Wie groß ist die Wahrscheinlichkeit, dass er auch eine gute Physiknote hat?
   c) Wie groß ist die Wahrscheinlichkeit, dass er eine gute Physiknote oder eine gute Chemienote hat?
   Tipp: Vierfeldertafel

3. Auswahltest Berufsanfänger
   Zu Beginn einer Ausbildung werden die Auszubildenden durch einen Einstellungstest geprüft. Es zeigt sich nach Abschluss der Ausbildung: 30 % erreichen den Abschluss der Ausbildung nicht. Von diesen hatten 90 % ein negatives

Testergebnis. Von den Auszubildenden, die einen Abschluss erworben haben, hatten nur 15 % ein negatives Testergebnis?
Wie groß ist die Wahrscheinlichkeit, dass ein Auszubildender mit negativem Test den Abschluss nicht erreicht? Wie gut ist der Test?

4. Ziegenproblem
(Diese Denksportaufgabe hat schon viele Menschen auf der ganzen Welt beschäftigt.)
Folgende Situation liegt vor: Du nimmst an einer Spielshow im Fernsehen teil und kannst eine von drei Türen auswählen. Hinter einer befindet sich als Gewinn ein Auto, hinter den beiden anderen steht eine Ziege. Du wählst eine Tür. Sie wird nicht sofort geöffnet, sondern der Spielleiter, dem bekannt ist, wo der Gewinn steht, öffnet eine der nicht gewählten Türen. Dort steht eine Ziege. Jetzt stellt er dir die Frage, ob du bei der gewählten Tür bleibst oder zu der anderen noch geschlossenen Tür wechselst. Wie entscheiden du dich?
Spiele die Situation durch für den Fall, dass du zuerst Tür 1 gewählt hast und der Spielleiter dann Tür 2 geöffnet hat. (Andere Fälle lassen sich dann analog berechnen.)
A_1: Ereignis, dass das „Auto hinter Tür 1“ steht.
A_2 und A_3 ebenso.
S_2: Ereignis, dass der Spielleiter „Tür 2 geöffnet“ hat.
S_1 und S_3 ebenso.
Berechne $P(A_3|S_2)$ und $P(A_1|S_2)$.

H Unabhängige Ereignisse

Wenn der Ausgang eines Ereignisses das nächste nicht beeinflusst

Bei Zufallsexperimenten nach dem Modell *Ziehen mit Zurücklegen* ändern sich die Wahrscheinlichkeiten in der zweiten oder einer weiteren Stufe nicht. Es sind aber, wie wir wissen, bedingte Wahrscheinlichkeiten. Wir stellen also fest, dass Folgendes gilt:

$P(B|A) = P(B)$

Die bedingte Wahrscheinlichkeit ist gleich der absoluten Wahrscheinlichkeit. Die Situation unterscheidet sich durch das Zurücklegen der Kugeln in der zweiten Stufe nicht von der Situation in der ersten Stufe. Der Ausgang des zweiten Ziehens einer Kugel ist unabhängig vom Ausgang des ersten Ziehens.

1 Spezieller Multiplikationssatz

Wir nennen zwei Ereignisse A und B **unabhängig,** wenn gilt:

$P(B|A) = P(B)$.

Dies vereinfacht die Berechnung von bedingten Wahrscheinlichkeiten.

Wir können den Multiplikationssatz für unabhängige Ereignisse so formulieren:

Spezieller Multiplikationssatz für **unabhängiger Ereignisse**

$P(A \cap B) = P(A) \cdot P(B)$

Diesen Satz können wir auch auf mehrere Stufen verallgemeinern.

Sind die A_i **paarweise von einander unabhängige** Ereignisse, so gilt:

$P(A_1 \cap A_2 \cap A_3 \cap \ldots \cap A_k) = P(A_1) \cdot P(A_2) \cdot P(A_3) \cdot \ldots \cdot P(A_k)$

Beispiel: Doppelt hält besser

Ein Fahrrad hat zwei getrennte Bremssysteme, die unabhängig voneinander funktionieren. Die erste Bremse B_1 ist mit einer Wahrscheinlichkeit von 0,008 defekt, die zweite Bremse B_2 funktioniert nicht mit der Wahrscheinlichkeit 0,03.
Mit welcher Wahrscheinlichkeit fallen beide Bremsen gleichzeitig aus?

Wir wissen:

$P(B_1 \cap B_2) = P(B_1) \cdot P(B_2) = 0{,}008 \cdot 0{,}03 = 0{,}00024$

Die Wahrscheinlichkeit, dass mindestens eine Bremse funktioniert, ist die Wahrscheinlichkeit des Gegenereignisses, also gleich

$1 - 0{,}00024 = 0{,}99976$ und damit sehr hoch.

2 Nachweis der Unabhängigkeit

In unserem Fahrradbeispiel haben wir nicht anhand der Unabhängigkeitsbedingung geprüft, ob zwei Ereignisse unabhängig sind, sondern aus der Aufgabenstellung ist ersichtlich, dass *Unabhängigkeit vorliegt.*

Manchmal will man aber überprüfen, ob Ereignisse wirklich unabhängig sind. Dann kann man die Unabhängigkeitsbedingung benutzen, um festzustellen, ob Unabhängigkeit vorliegt.

Beispiel: Betriebsstatistik

Folgende Tabelle über mehrmalige Verspätungen liegt der Personalabteilung vor.

	mehrmalige Verspätungen	ohne oder eine Verspätung
Produktion	32	608
Verwaltung	8	152

Als Vierfeldertafel aufgeschrieben:

	mehrmalige Verspätungen	ohne oder eine Verspätung	Zeilensumme
Produktion	32	608	640
Verwaltung	8	152	160
Spaltensumme	40	760	Gesamtsumme 800

Wir berechnen die bedingten Wahrscheinlichkeiten:

$P(\text{mehrV}|\text{Prod}) = \frac{32}{640} = 0{,}05$

$P(\text{mehrV}|\text{Verw}) = \frac{8}{160} = 0{,}05$

$P(\text{mehrV}) = \frac{40}{800} = 0{,}05$

Wir stellen fest, dass gilt:

$P(\text{mehrV}|\text{Prod}) = P(\text{mehrV}|\text{Verw}) = P(\text{mehrV})$

Das Ereignis, mehrmals verspätet am Arbeitsplatz zu sein, ist unabhängig davon, ob der Arbeitnehmer in der Produktion oder in der Verwaltung tätig ist.

Die Überprüfung auf Unabhängigkeit dient also dazu, *erhobene Daten zu bewerten und richtige Schlussfolgerungen zu ziehen*.

Beachte:
Unabhängige Ereignisse dürfen nicht mit unvereinbaren Ereignissen *verwechselt* werden.

Hier noch einmal die Bedingungen dafür:

Zwei Ereignisse sind **unabhängig,** wenn die Bedingung erfüllt ist:
$P(A|B) = P(A)$.
Dann gilt der **spezielle Multiplikationssatz**: $P(A \cap B) = P(A) \cdot P(B)$.

Zwei Ereignisse sind **unvereinbar,** wenn die Bedingung erfüllt ist:
$A \cap B = \{\}$
Dann gilt der spezielle **Additionssatz**: $P(A \cup B) = P(A) + P(B)$.

Beachte: Zwei Ereignisse können nicht gleichzeitig unvereinbar und unabhängig sein. *Wenn sie unabhängig sind, so sind sie nicht unvereinbar, und wenn sie unvereinbar sind, so sind sie nicht unabhängig.*

3 Übungsaufgaben

1. Flaschenkontrolle
   In einer Abfüllanlage für Säfte werden nach der Füllung der Flaschen die Flaschen kontrolliert. Man weiß aus Erfahrung, dass bei $\frac{1}{8}$ der Flaschen der Verschluss nicht in Ordnung ist, bei $\frac{1}{15}$ der Flaschen die Füllhöhe nicht stimmt und bei $\frac{1}{20}$ der Flaschen das Etikett nicht richtig aufgeklebt wurde.
   Wie groß ist die Wahrscheinlichkeit dafür, dass eine Flasche bei der Kontrolle ausgesondert werden muss, wenn die Fehler voreinander unabhängig sind?

2. Elektrogerät aus 5 Bauteilen
   Ein Elektrogerät besteht aus 5 Bauteilen, die unabhängig voneinander funktionieren.
   Die Wahrscheinlichkeit für einen Defekt in Bauteil 1 beträgt 0,03, im Bauteil 2: 0,1, im dritten Bauteil 0,05, im Bauteil 4: 0,01 und im Bauteil 5: 0,15.
   Wie wahrscheinlich ist es, dass ein Elektrogerät kein defektes Teil enthält?

3. Nachrichtenübertragung
   Eine Nachricht soll übertragen werden. Dabei durchläuft sie 3 Zwischenstationen, bis sie die Zielstation erreicht. Die Übertragungsunsicherheit für den richtigen Empfang beträgt pro Empfangsstation 0,02.
   Mit welcher Wahrscheinlichkeit wird die Nachricht richtig empfangen?

Zufallszahlen und Simulation

Wenn Beobachtungen zu machen zu aufwendig ist

Wenn wir Zufallsexperimente durchführen, sollen wir oft einige Dinge aus einer Gesamtmenge zufällig auswählen. Dies ist manchmal nicht ganz einfach, manchmal sogar zu aufwändig. In diesem Falle helfen Zufallszahlen.

Auch gibt es Situationen, die durch Modelle beschrieben werden, deren Weiterentwicklung man berechnet möchte. Wo dies zu aufwändig ist oder wo keine geeigneten mathematischen Werkzeuge zur Verfügung stehen, „spielt" man die Modelle oft mithilfe von Zufallszahlen durch und simuliert so die eintretenden Veränderungen. Dies geschieht bei Modellen zur Beschreibung von Öko-Systemen im Großen und im Kleinen genauso wie bei den sehr beliebten Computerspielen, die Wirtschaftsabläufe oder Entwicklung von Völkern beschreiben.

1 Zufallszahlen

Aus einem gut gemischten Kartenspiel eine Karte zu ziehen, aus einer Urne nacheinander sieben Kugeln zu entnehmen oder mit zwei Würfeln nacheinander dreimal zu würfeln, dies ist leicht möglich und ohne großen Aufwand durchzuführen.

Soll aber aus dem Bestand der Schulbücher einer Schule von 6000 Bänden eine Stichprobe von 10 Büchern zufällig ausgewählt werden, um deren Zustand zu überprüfen, so ist die „zufällige" Auswahl gar nicht mehr zufällig, sondern nur noch willkürlich. Die schweren Atlanten weit unten im Regal, die kleine Gruppe von Philosophiebüchern und die kleinformatigen Reclamhefte, die in einer Kiste in der hintersten Ecke oder ganz oben im Regal liegen, werden oft nicht beachtet. Schon ist die Auswahl nicht mehr zufällig und nicht mehr repräsentativ.

Man kann sich helfen, in dem man die Bücher durchnummeriert und einen Zettel für jedes Buch in eine Urne steckt. Dann zieht man 10 Zettel aus der Urne und wählt die Bücher mit diesen Nummern für die Stichprobe aus. Dieses Verfahren genügt dem Anspruch, eine zufällige Auswahl als Stichprobe aus dem Bestand zu entnehmen. Dennoch, es ist recht aufwändig, wenn nicht bereits eine Registrierkarte mit Nummer für jedes der Bücher vorliegt, die in die Urne gelegt werden kann.

Vielleicht kommt der Mathematiklehrer oder die Mathematiklehrerin auf die Idee, statt dessen 5 verschieden farbige Würfel zu nehmen und zu würfeln. Da mit den Würfeln nur Zahlen zwischen 1 und 6 geworfen werden, würfeln wir Zahlenwerte im Sechsersystem. Dabei wird der Sechs auf dem Würfel die 0 als Ziffer zugeordnet. Der blaue Würfel soll für die Einerzahlen (6^0) den Wert liefern, der gelbe Würfel für die Sechserzahlen (6^1), der rote für die Sechsunddreißiger (6^2), der schwarze für die Zweihundertsechszehner (6^3) und der weiße Würfel für die Zwölfhundertsechsundneunziger (6^4). Ein Wurf mit den Würfeln in der Reihenfolge weiß, schwarz, rot, gelb und blau mit *1 4 2 5 3* entspricht so der Zahl

$$1 \cdot 6^4 + 4 \cdot 6^3 + 2 \cdot 6^2 + 3 \cdot 6^1 + 1 \cdot 6^0 = 2120.$$

Das Buch mit dieser Nummer ist auszuwählen für die Stichprobe. Wenn keine Würfelergebnisse doppelt eintreten, haben wir nach 10 Würfen 10 Zufallszahlen bestimmt. Bei gleichen Ergebnissen müssen wir den jeweiligen Wurf neu ausführen, da ja 10 Bücher *ohne Wiederholung* für die Stichprobe ausgewählt werden sollen. Damit haben wir zwar ein praktikables Vorgehen, aber manchem ist auch dieses viel zu aufwändig.

2 Pseudozufallszahlen

Bleiben wir bei der Methode, durch die zufällige Auswahl von Zahlen die zufällige Auswahl von Dingen aus einer Gesamtmenge zu bestimmen. Wer sich durch Zufallsexperimente keine Zufallszahlen beschaffen möchte, kann auf Zufallszahlentabellen zurückgreifen, die z. B. in Büchern vorliegen oder auch in Computern oder Taschenrechnern gespeichert sind.

85666	25102	64733	93872	72269	18741
36272	47817	90287	91434	86453	46115
01170	31745	71302	78189	28598	75518
32921	33795	43170	40276	85964	74169
89184	64830	16779	35724	82103	64912
29200	45267	21907	04387	95618	32965
11123	67397	30642	21098	01327	67456
77854	54765	44536	51278	93017	18169
48338	52225	91271	07255	89677	08231
29200	48063	08770	18990	92034	41720
36471	20998	33339	90981	10341	19613
17625	34256	09928	44444	72435	51142

Dies sind Zahlentabellen, die Zufallszahlen „auf Vorrat“ liefern. Zwar sind diese Zufallszahlen nicht durch fleißige Hände mit Würfeln oder Kugelziehen aus Urnen ausgesucht worden, sondern berechnet worden, dennoch erfüllen sie die Bedingungen, die Zufallszahlen erfüllen sollen.

Die Abfolge der Zahlen erscheint zufällig und die relative Häufigkeit für das Vorkommen einer Zahl in der Tabelle entspricht der gewünschten Wahrscheinlichkeit.

Deshalb werden diese Zahlen auch Pseudozufallszahlen genannt.

Ein mögliches Rechenverfahren zur Herstellung von solchen Zufallszahlen ist das folgende:
1. Wähle eine achtstellige Zahl als Ausgangszahl.
2. Wähle eine zweistellige Zahl als Konstante (nicht 10, 20 usw.).
3. Multipliziere die beiden Zahlen.
4. Wähle die letzten acht Ziffern aus als neue Zufallszahl.
5. Dies ist eine Zufallszahl. Schreibe sie in die Liste.
6. Multipliziere diese Zufallszahl mit der Konstanten. Fahre mit Schritt 4 fort, bis genügend Zufallszahlen vorliegen.

Beispiel: Pseudozufallszahlen

1. Wähle 47832159.
2. 13 sei die Konstante.
3. $47832159 \cdot 13 = 621818067$.
4. 21818067 ist die Zufallszahl
5. Schreibe 21818067 in die Liste.
6. $21818067 \cdot 13 = 283634871$
7. 83634871 ist eine weitere Zufallszahl.
8. usw.

Solche Pseudozufallszahlen, die *berechnet* wurden, erfüllen oft besser die Bedingung, eine zufällige Auswahl zu gewährleisten, als ein willkürliches Herausgreifen von Dingen aus einer Gesamtmenge.

3 Simulation

Zufallszahlen dienen auch zur Simulation. Es gibt Gebiete in der Mathematik und erst recht in anderen Wissenschaften, in denen eine Berechnung zu *aufwändig* ist. Oder es steht *noch keine Methode zur Verfügung*, die Probleme durch Formeln zu beschreiben und durch Rechenverfahren zu lösen Manchmal kann man durch Simulation zu vernünftigen Ergebnissen kommen. Man erstellt ein zahlenmäßiges Modell der Situation und „spielt" mithilfe von Zufallszahlen seine Veränderungen durch. Prognosen zur Entwicklung von biologischen oder ökonomischen Systemen wurden schon auf dieser Grundlage erstellt.

Bei der Entwicklung von Maschinen werden die Belastungen auf Bauteile oder ganze Maschinen unter Arbeitsbedingungen „simuliert", um Schwachstellen schon vor dem Bau eines Prototyps zu lokalisieren und – wenn nötig – Veränderungen vorzunehmen. Die Simulation spart Kosten und Zeit. Bereits Prototypen sind „getestet". Die Anzahl der Testversuche mit fertigen Maschinenteilen lassen sich reduzieren und die Versuchsergebnisse können besser ausgewertet werden.

Auch wenn es auf das Zusammenspiel verschiedener Prozesse (Arbeitsvorgänge) ankommt, ist die Simulation ein unentbehrliches Werkzeug. Ob beim Bau einer neuen Fabrikhalle für verschiedene Produktionsstraßen oder bei Sicherheitsprüfungen eines neuen Fahr- und Zugplans der Bundesbahn oder ob ein großes Softwarepaket getestet wird, ohne Simulation gibt es keine Planung und keine Inbetriebnahme mehr.

Die Voraussetzungen für solche umfangreiche Berechnungen sind aber leistungsfähige Computer. Deshalb ist es auch nicht verwunderlich, dass *John von Neumann* (1903–1957), Mathematiker und Computerpionier, die Simulation erfand und sie auf dem ersten Großrechner ENIAC zum ersten Mal durchführte. Seine Methoden werden auch Monte-Carlo-Methoden genannt.

4 Home-Banking

Ein weiteres Beispiel für die Verwendung von Zufallszahlen ist das Home-Banking. Bei der Abwicklung von Bankgeschäften über das Internet gibt es verschiedene Sicherheitsvorkehrungen. Diese sollen verhindern, dass unbefugte Personen Zugriff auf das Konto und persönliche Daten eines Kunden erhalten.

Zu diesen Sicherheitsvorkehrungen gehören **PIN** (**P**ersonal **I**dentification **N**umber) und **TAN** (**T**rans**A**ction **N**umber). Zur Freischaltung des Kontos für das Home-Banking erhält der Kunde vom Geldinstitut eine fünfstellige PIN-Nummer zur Anmeldung. Diese PIN-Nummer kann später vom Kunden in eine nur ihm bekannte Zahl umgeändert werden. Zusätzlich erhält er eine Liste von 50–80 Zufallszahlen, den TAN-Nummern.

Eine TAN-Nummer ist eine sechsstellige Zahl, die zur Absicherung besonders sicherungsbedürftiger Transaktionen wie Überweisungen, Dauerauftragsneuanlagen und -änderungen, Änderung der PIN-Nummer, Aktivierung einer neuen TAN-Liste und Entsperrung des Kontos verwendet wird. Pro Transaktion wird eine TAN-Nummer verbraucht. Die TAN-Nummer ersetzt die Unterschrift, die der Kunde ansonsten bei dem Geldinstitut leisten würde. Sie ist eine Art „virtuelle" Unterschrift, also besonders schutzbedürftig. Und was eignet sich besser dazu, als immer wieder neu ausgegebene Zufallszahlen?

Zusätzlich zu den PIN- und TAN-Nummern wird noch durch eine Verschlüsselungssoftware sichergestellt, dass die übertragenen Daten nicht mitgelesen oder verändert werden können.

Aber dies führt uns in ein weiteres spannendes Gebiet der Mathematik, der Kryptologie, die sich mit der Verschlüsselung von Daten beschäftigt. Mit kryptologischen Verfahren will man verhindern, dass Nichtberechtigte Informationen, Nachrichten oder Geheimdokumente „lesen und verstehen" und somit auch verwenden können, gleichgültig, ob sie sich diese Informationen legal oder illegal beschafft haben

5 Übungsaufgaben

1. Zufallszahlentabelle
   Erstelle nach dem oben beschriebenen Verfahren eine Liste von 40 Zufallszahlen.
   a) Wie häufig endet eine der Zahlen mit 0?
   b) Wie häufig beginnt eine der Zahlen mit 1 oder 9?

2. Taschenlampen
   Eine Fabrik liefert ihre Taschenlampen mit den passenden Batterien aus. Es werden je 24 Taschenlampen in einen Karton verpackt. Durch ein Versehen sind aber Taschenlampen ohne Batterien auch schon eingepackt worden. Die Wahrscheinlichkeit dafür liegt bei $\frac{1}{6}$. Durch Simulation soll die Kontrolle von 4 Kartons durchgespielt werden. Dazu soll ein Würfel benutzt werden. Der Eins auf dem Würfel (Wahrscheinlichkeit gleich $\frac{1}{6}$) soll das Ergebnis „ohne Batterie" zugeordnet werden, den Zahlen 1 bis 5 das Ergebnis „mit Batterie".
   a) Notiere die Anzahlen, wie viele Taschenlampen in jedem Karton ohne Batterien liegen.
   b) Bestimme die relative Häufigkeit für dieses Ergebnis für jeden Karton und auch für alle Kartons zusammen.
   c) Berechne die Wahrscheinlichkeit exakt (nicht aufgrund der Simulationswerte) für das Ereignis, dass genau 20 Taschenlampen in einer Lieferung von 4 Kartons ohne Batterien sind.
   d) Berechne die Wahrscheinlichkeit für das Ereignis, dass in einem Karton höchstens 2 Taschenlampen ohne Batterien liegen.

J Testaufgaben

Aufgabe 1

In einem Lokal zählt man an einem Abend, an dem alle Tische vollbesetzt sind, die Raucher und die Nichtraucher pro Tisch. Es gibt insgesamt 20 Tische in diesem Lokal, die jeweils 6 Personen Platz bieten.
Das Resultat der Zählung ist in der folgenden Tabelle aufgelistet:

Anzahl der Raucher pro Tisch: n	**0**	**1**	**2**	**3**	**4**	**5**	**6**
Anzahl der Tische mit n Raucher	4	4	4	5	2	1	0

Teil A

1. Berechne die relative Häufigkeit h(n) für n = 0; 1; 2; 3; 4; 5; 6, wenn n die Anzahl der Raucher an einem Tisch angibt.
2. Gib auch jeweils die prozentuale Häufigkeit p(n) für die Tische mit n Rauchern an.
3. Wie viel Prozent der Gäste sind insgesamt Raucher?
4. Berechne den arithmetischen Mittelwert für die Anzahl der Raucher pro Tisch. Ermittle zudem den Median.

Teil B

Die Gäste von einem Tisch, an dem 3 Raucher und 3 Nichtraucher saßen, stehen auf und gehen zur Garderobe. Da es dort eine kleine Wartezeit gibt, beginnen zwei von ihnen nochmals ein Gespräch.

1. Wie groß ist bei zufälligem Zusammentreffen der Gesprächspartner die Wahrscheinlichkeit, dass beide Nichtraucher sind?
2. Wie groß ist die Wahrscheinlichkeit, dass ein Raucher mit einem Nichtraucher spricht?
3. Wie lässt sich die Wahrscheinlichkeit dafür, dass beide Raucher sind, jetzt besonders leicht ausrechnen?
   (Tipp: Benutze zur Lösung der letzten 3 Teilaufgaben ein Baumdiagramm.)

Teil C

An einem anderen Abend hat der Wirt seine Gäste nicht gezählt. Er geht davon aus, dass etwa ein Drittel der Gäste Raucher sind.

1. Wie groß ist die Wahrscheinlichkeit, dass an einem vollbesetzten Tisch 4 Raucher und 2 Nichtraucher sitzen?
2. Wie groß ist die Wahrscheinlichkeit, dass an einem mit 4 Personen besetzten Tisch nur Nichtraucher sitzen?

Aufgabe 2

Sechs Freunde probieren aus, ob das von ihnen gern gespielte Würfelspiel noch mehr Spaß macht, wenn keine Würfelseite ein „Eins“ zeigt, dafür aber zwei Seiten eine „Sechs“.
Würfel:

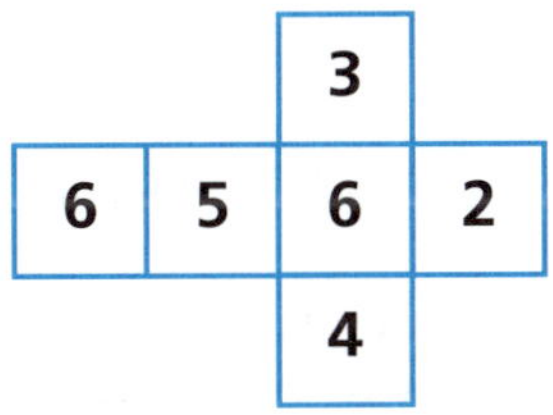

Teil A

Es wird mit zwei solcher Würfel gleichzeitig geworfen. Die Augensumme ist das Würfelergebnis. Zunächst spielen unsere Freunde 12 Runden und schreiben die Augensumme jeweils auf.

8; 4; 9; 5; 11; 5;	12; 8; 5; 10; 9; 6;	11; 7; 8; 11; 10; 12;	8; 7; 7; 12, 10; 6;
7; 10; 7; 9; 12; 8;	4; 9; 6; 6; 12; 7;	10; 9; 7; 9; 7; 4;	8; 6; 10; 8; 9; 12;
12; 8; 4; 6; 12; 9;	8; 8; 10; 11; 10; 7;	9; 12; 11; 9; 10; 8;	10; 8; 9; 8; 9; 7.

1. Gib die Ergebnismenge S aller möglichen Augensummen an.
2. Ermittle die absolute Häufigkeit und die relative Häufigkeit für jede der möglichen Augensummen.
3. Berechne den arithmetischen Mittelwert und gib den Median für die Augensummen an.
4. Berechne Varianz und Standardabweichung.
5. Stelle die relativen Häufigkeiten in einem Säulendiagramm dar.

Teil B

Michael, einer der Freunde, schlägt vor, die Wahrscheinlichkeit für jede Augensumme zu berechnen, wenn zwei faire, aber wie oben veränderte Würfel vorliegen, um sie mit den relativen H·ufigkeiten zu vergleichen. Er möchte nicht diese Würfelrunde als allein ausschlaggebend für weitere Überlegungen machen.

1. Wie wahrscheinlich sind die Elementarereignisse für jede der Augensummen?
2. Trage die errechneten Wahrscheinlichkeitswerte in das oben erwähnte Säulendiagramm ein.
3. Warum unterscheiden sich mathematische Wahrscheinlichkeit und relative Häufigkeit für die Elementarereignisse?
4. Wie groß ist die Wahrscheinlichkeit, zweimal hintereinander einen Doppelsechser zu werfen?
5. Wie groß ist die Wahrscheinlichkeit, bei einem Wurf zwei gleiche Zahlen zu werfen?

Aufgabe 3

Eine Urne enthält sechs Kugeln, die beschriftet sind mit den Buchstaben „A“, „B“ und „C“. Es liegt eine Kugel mit der Aufschrift „A“ in der Urne, drei mit der Aufschrift „B“ und zwei mit der Aufschrift „C“.

Teil A

Es werden nacheinander zwei Kugeln mit Zurücklegen aus der Urne gezogen.

1. Bestimme mithilfe eines Baumdiagramms alle möglichen Ergebnisse und gib die Ergebnismenge S an (Reihenfolge wird berücksichtigt).
2. Berechne die Wahrscheinlichkeit für die Elementarereignisse.
3. Berechne die Wahrscheinlichkeit für folgende Ereignisse:
   E: Zwei gleiche Kugeln werden gezogen.
   D: Als erstes wird eine Kugel mit der Aufschrift „A“ gezogen.
   F: Es wird zuerst ein „A“ gezogen, dann ein „B“ oder umgekehrt.

Teil B

In einem Möbelhaus ist zur Kinderunterhaltung ein Kugelzimmer eingerichtet. Darin befinden sich außer einer Rutschbahn 2000 rote Kugeln, 2000 blaue Kugeln, 1000 grüne Kugeln und 1000 weiße Kugeln.

1. Berechne die Wahrscheinlichkeit dafür, beim Herausgreifen einer Kugel eine rote (bzw. blaue, bzw. grüne, bzw. weiße) Kugel in der Hand zu halten.
2. Ein Kind holt drei Kugeln heraus. Berechne mithilfe der Bernoulli-Formeln die Wahrscheinlichkeit für folgende Ereignisse:
   R: Eine der Kugeln ist rot („rot“ ist Treffer, „nicht rot“ ist Nicht-Treffer).
   T: Alle drei Kugeln sind blau.
   V: Keine der Kugeln ist weiß.

Teil C

Die Bernoulli-Formel liefert nicht den genauen Wahrscheinlichkeitswert, denn beim gleichzeitigen Herausnehmen von drei Kugeln handelt es sich um ein Ziehen ohne Zurücklegen. Die Bernoulli-Formeln liefern den genauen Wert für ein Zufallsexperiment nach der Art Ziehen mit Zurücklegen.

1. Berechne mithilfe eines Baumdiagramms für das Ereignis T den genauen Wahrscheinlichkeitswert.
2. Wie groß ist der Fehler?
3. Wann darf man die Bernoulli-Formeln auch bei Experimenten nach der Art Ziehen ohne Zurücklegen anwenden?

Aufgabe 4

Herr Müller spielt Lotto „6 aus 49". Er gibt wöchentlich 2 Tippreihen ab. Beim letzten Mal hat er bei der zweiten Tippreihe aus Unachtsamkeit nur 5 Zahlen angekreuzt.

1. Berechne die Wahrscheinlichkeit dafür, dass Herr Müller mit der ersten korrekt ausgefüllten Tippreihe „5 Richtige" hat.
2. Berechne die Wahrscheinlichkeit, dass Herr Müller mit der zweiten Tippreihe „5 Richtige" hat, wenn die Lottogesellschaft nur die angekreuzten Zahlen wertet.
3. Berechne die Wahrscheinlichkeit dafür, dass er mit der zweiten Tippreihe „5 Richtige" hat, wenn die Lottogesellschaft wie üblich als sechste Zahl die höchste nicht angekreuzte Zahl mitwertet.
4. Vergleiche die Wahrscheinlichkeiten.

Aufgabe 5

Bei der Abschlussprüfung einer Schule sind im Fach Mathematik von den Schülern 5 Aufgaben zu bearbeiten. Die Anzahl der Schüler, die k Aufgaben richtig bearbeitet haben, ist folgender Tabelle zu entnehmen.

k richtige Antworten	**5**	**4**	**3**	**2**	**1**	**0**
Anzahl der Schüler mit k richtigen Antworten	6	15	20	12	6	1

Teil A

1. Gib für jedes k die relative Häufigkeit dafür an, dass ein Schüler k Aufgaben richtig bearbeitet hat.
2. Berechne das arithmetische Mittel für die Anzahl der richtig bearbeiteten Aufgaben.
3. Gib die Wahrscheinlichkeit an für das Ereignis „Aufgabe": Eine bearbeitete Aufgabe ist richtig gelöst.

Teil B

Über einen Beobachtungszeitraum von 10 Jahren hat sich als Wahrscheinlichkeit (aufgrund der Berechnung der relativen Häufigkeiten) ergeben, dass eine Aufgabe in der schriftlichen Prüfung mit der Wahrscheinlichkeit 0,52 richtig bearbeitet wird.

1. Berechne die Wahrscheinlichkeit für folgende Ereignisse:
   R: Ein Schüler bearbeitet alle 5 Aufgaben richtig.
   T: Ein Schüler bearbeitet keine Aufgabe richtig.

U: Ein Schüler bearbeitet mindestens 4 Aufgaben richtig.
V: Ein Schüler bearbeitet genau 2 Aufgaben richtig.
W: Ein Schüler bearbeitet höchstens eine Aufgabe richtig.

2. Die schriftliche Prüfung ist bestanden und damit die Gesamtprüfung, wenn 4 oder 5 Aufgaben richtig bearbeitet wurden. Welchem der obigen Ereignisse entspricht dies?

Teil C

Zusätzlich wird für die Schüler, die 2 oder 3 Aufgaben richtig beantwortet haben, eine mündliche Prüfung angeboten. Es werden nacheinander 3 Fragen gestellt. Wird eine Frage richtig beantwortet, ist die Prüfung beendet und bestanden. Eine Frage wird in der mündlichen Prüfung mit der Wahrscheinlichkeit von 0,3 richtig beantwortet.

1. Ermittle mithilfe eines Baumdiagramms die Wahrscheinlichkeit dafür, die mündliche Prüfung zu bestehen.
2. Ermittle die Wahrscheinlichkeit für das Bestehen der Abschlussprüfung (nur schriftlich oder schriftlich/mündlich).

Lösungen

Lösungen zu Kapitel A

1. **Augensumme**
   Ergebnismenge S = {2, 3, 4, 5, 6, 7, 8, 9, 10, 11, 12}
   |S| = 11
   a) Ereignis A: Die Augensumme ist gerade; A = {2, 4, 6, 8, 10, 12}
   b) Ereignis B: Die Augensumme ist kleiner als 6; B = {2, 3, 4, 5}
   c) Ereignis C: Das Gegenereignis von A = $\overline{A}$
   $\overline{A}$ = {3, 5, 7, 9, 11}
   d) Ereignis D: Die Augensumme ist durch 4 teilbar; D = {4, 8, 12}
   e) A∪D = A, denn jede durch 4 teilbare Zahl ist gerade.
   C∪D = {3, 4, 5, 7, 8, 9, 11, 12}
   B∩D = {4}
   A∩D = {4} = D

2. **Musikgeschäft**
   Lb = Lieblingsband
   Sa = Sampler

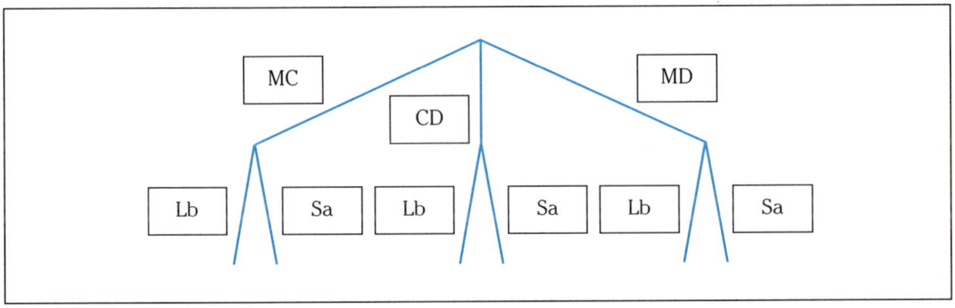

Ergebnismenge S = {(MC|Lb), (MC|Sa), (CD|Lb), (CD|Sa), (MD|Lb), (MD|Sa)}
|S| = 6

3. **Münzwurf**
   Ergebnismenge S = {(K|K|K), (K|K|Z), (K|Z|K), (Z|K|K), (K|Z|Z), (Z|K|Z), (Z|Z|K), (Z|Z|Z)}
   |S| = 8
   a) Ereignis A: Genau zweimal liegt Zahl oben. A = {(K|Z|Z), (ZK|Z), (Z|Z|K)}
   |A| = 3
   b) Ereignis B: Höchstens einmal liegt Zahl oben. B = {(K|K|K), (K|K|Z), (K|Z|K), (Z|K|K)}
   |B| = 4
   c) Ereignis C: Immer liegt Zahl oben. C = {(Z|Z|Z)}
   |C| = 1
   d) Ereignis D: Gegenereignis von B. Mindestens zweimal liegt Zahl oben;
   D = {(K|Z|Z), (ZK|Z), (Z|Z|K), (Z|Z|Z)}
   |D| = 4

4. **Überraschungskiste**

a) Ergebnismenge S =
{(SülSülSü), (SülSülSp), (SülSülBu), (SülSplSü), (SülSplSp), (SülSplBu), (SülBulSü), (SülBulSp), (SülBulBu), (SplSülSü), (SplSülSp), (SplSülBu), (SplSplSü), (SplSplSp), (SplSplBu), (SplBulSü), (SplBulSp), (SplBulBu), (BulSülSü), (BulSülSp), (BulSülBu), (BulSplSü), (BulSplSp), (BulSplBu), (BulBulSü), (BulBulSp), (BulBulBu)}
|S| = 27

b) Ereignis A: Man darf dreimal in die Kiste greifen und es liegen von den Spielen pro Sorte zwei Exemplare in der Kiste; A =
{(SülSülSü), (SülSülSp), (SülSülBu), (SülSplSü), (SülSplSp), (SülSplBu), (SülBulSü), (SülBulSp), (SülBulBu), (SplSülSü), (SplSülSp), (SplSülBu), (SplSplSü),, (SplSplBu), (SplBulSü), (SplBulSp), (SplBulBu), (BulSülSü), (BulSülSp), (BulSülBu), (BulSplSü), (BulSplSp), (BulSplBu), (BulBulSü), (BulBulSp), (BulBulBu)}
|S| = 26

c) Ereignis B: Es liegen von jeder Sorte mehr als drei Dinge in der Kiste, aber man darf nur ein zweites oder drittes Mal greifen, wenn man noch kein Spiel gezogen hat; B =
{(SülSülSü), (SülSülSp), (SülSülBu), (SülSp), (SülBulSü), (SülBulSp), (SülBulBu), (Sp), (BulSülSü), (BulSülSp), (BulSülBu), (BulSp), (BulBulSü), (BulBulSp), (BulBulBu)}
|S| = 15

Lösungen zu Kapitel B

1. **Verkehrszählung**

Bernds Zählung ergibt:

- Zufallsexperiment 120-mal durchgeführt.
- absolute Häufigkeit für das Ergebnis „LKW“: 30
- relative Häufigkeit für das Ergebnis „LKW“: $\frac{30}{120} = \frac{1}{4}$
- prozentuale Häufigkeit für das Ergebnis „LKW“: 25 %

Lisas Zählung ergibt:

- Zufallsexperiment 140-mal durchgeführt.
- absolute Häufigkeit für das Ergebnis LKW: 21
- relative Häufigkeit für das Ergebnis „LKW“: $\frac{21}{140} = \frac{3}{20}$
- prozentuale Häufigkeit für das Ergebnis „LKW“: 15 %
- abs. Häufigkeit für das Ergebnis „sonst. Fahrzeug“: 14
- rel. Häufigkeit für das Ergebnis „sonst. Fahrzeug“: $\frac{14}{140} = \frac{1}{10}$
- proz. Häufigkeit für das Ergebnis „sonstige Fahrzeuge“: 10 %
- abs. Häufigkeit für das Ereignis G = {LKW, sonst. Fahrzeug}: 35
- rel. Häufigkeit für das Ereignis G = {LKW, sonst. Fahrzeug}: $\frac{35}{140} = \frac{1}{4}$
- proz. Häufigkeit für das Ereignis G: 25 %
- abs. Häufigkeit für das Ereignis Z = {Motorrad, sonst. Zweirad}: 42
- rel. Häufigkeit für das Ereignis Z = {Motorrad, sonst. Zweirad}: $\frac{42}{140} = \frac{3}{10}$
- proz. Häufigkeit für das Ereignis Z: 30 %

Wir stellen dies in Tabellen dar:

Bernd	PKW	Motorräder	sonstige Zweiräder	LKW	sonstige Fahrzeuge	Summe
abs. Häufigkeit	56	10	12	26	16	120
rel. Häufigkeit	$\frac{56}{120}$	$\frac{10}{120}$	$\frac{12}{120}$	$\frac{26}{120}$	$\frac{16}{120}$	$\frac{120}{120}$

Lisa	PKW	Motorräder Zweiräder	sonstige	LKW Fahrzeuge	sonstige	Summe
abs. Häufigkeit	63	13	29	21	14	140
rel. Häufigkeit	$\frac{63}{140}$	$\frac{13}{140}$	$\frac{29}{140}$	$\frac{21}{140}$	$\frac{14}{140}$	$\frac{140}{140}$

Die Brüche können gegebenenfalls noch gekürzt werden.

2. **Brotgewicht**

a) Arithmetischer Mittelwert:
$996\text{ g} + 1009\text{ g} + 1012\text{ g} + 1001\text{ g} + 920\text{ g} + 984\text{ g} + 1004\text{ g} + 992\text{ g} + 988\text{ g} + 998\text{ g} = 9904\text{ g}$

$\frac{9904\text{ g}}{10} = 990{,}4\text{ g}$

b) Als Median kann ein Wert zwischen 998 und 1001 gewählt werden, z. B. 1000 g.

c) Varianz mit diesem Median 1000 g:
Wir berechnen zuerst die Summe der Quadrate der Abweichungen:
$(1000 - 996)^2 + (1000 - 1009)^2 + (1000 - 1012)^2 + (1000 - 1001)^2 +$
$(1000 - 920)^2 + (1000 - 984)^2 + (1000 - 1004)^2 + (1000 - 992)^2 +$
$(1000 - 988)^2 + (1000 - 998)^2 =$
$16 + 81 + 144 + 1 + 6400 + 256 + 16 + 64 + 144 + 40 = 7126$
Nun berechnen wir die Varianz:

$s^2 = \frac{7126}{10} = 712{,}6\text{ g}$

d) Standardabweichung:
Die Standardabweichung ist die Quadratwurzel aus der Varianz:
$s = 26{,}695\text{ g}$

3. **Temperatur am Urlaubsort**

Umrechnung von Celsius in Fahrenheit mit der Formel:

$y = x \cdot \frac{9}{5} + 32$

y ist der Temperaturwert in Fahrenheit, wenn x den Wert in Celsius angibt.
Damit erhalten wir für die Temperaturangaben in Fahrenheit gemäß Tabelle auf Seite 30 die Werte des arithmetischen Mittels und Medians:

Temperatur in Fahrenheit	arithmetischer Mittelwert	Median
Ort A	**51,8**	**50**
Ort B	**51,8**	**50**

Für die Tagestemperaturen erhalten wir nach der entsprechenden Tabelle auf Seite 30 folgende Werte:

Temperatur in Fahrenheit	Tageswerte morgens	mittags	abends
Ort A	**33,8**	**71,6**	**50**
Ort B	**46,4**	**59**	**50**

Varianz bezogen auf den Median für den Urlaubsort A:
Die Varianz in Fahrenheit für den Urlaubsort A muss neu berechnet werden.
Wir berechnen zuerst die Summe der Quadrate der Abweichungen:
$(50 - 33{,}8)^2 + (50 - 71{,}6)^2 + (50 - 50)^2 = 262{,}44 + 466{,}56 = 729$
Wir berechnen nun die Varianz:

$s^2 = \frac{729}{3} = 243$

Standardabweichung für den Urlaubsort A:
Die Standardabweichung in Fahrenheit für den Urlaubsort A muss nicht neu berechnet werden:
$s = 15{,}588$

Varianz bezogen auf den Median für den Urlaubsort B:
Die Varianz in Fahrenheit für den Urlaubsort B muss neu berechnet werden. Wir berechnen zuerst die Summe der Quadrate der Abweichungen:
$(50 - 46{,}4)^2 + (50 - 59)^2 + (50 - 50)^2 = 12{,}96 + 81 = 93{,}96$
Wir berechnen nun die Varianz:
$s^2 = \frac{93{,}96}{3} = 31{,}32$

Standardabweichung für den Urlaubsort B:
Standardabweichung in Fahrenheit für den Urlaubsort B muss nicht neu berechnet, sondern umgerechnet werden:
$s = 5{,}596$

Lösungen zu Kapitel C

1. **Reißnägel**

Da bei dieser Aufgabe zuerst ein Versuch „Zigmaliges Werfen von Reißnägeln“ vorausgeht, können ganz unterschiedliche Ergebnisse entstehen. Deshalb ist die Angabe einer Lösung nicht möglich.
Um das Ausrechnen zu erleichtern, sollen hier Bezeichnungen und Formeln vorgegeben werden:
Ereignismenge S = {Rückenlage, Nicht-Rückenlage}
Anzahl der Rückenlage: = r
Anzahl der Nicht-Rückenlage: = n
Anzahl aller Würfe: = m
Formel für die relative Häufigkeit der Rückenlage: $\frac{r}{m}$
Formel für die relative Häufigkeit der Nicht-Rückenlage: $\frac{n}{m}$
Wird der Nagel gekürzt, so erfolgt die Berechnung der jeweiligen relativen Häufigkeiten analog nach der Durchführung erneuter Würfe.

2. **Silbenzahl**

Analog zur ersten Aufgabe kann hier keine exakte Lösung angegeben werden, da das Ergebnis von der Wahl der jeweiligen Seite abhängt. Auch hier soll eine kurze Hilfe gegebe werden:
Es empfiehlt sich, das Ergebnis in einer Tabelle festzuhalten. Vorschlag für die Tabelle:

Silbenanzahl	2	3	4	mehr als 4	Summe
absolute Häufigkeit					
relative Häufigkeit					

3. **Fußballtraining**

a) Das Ereignis, dass genau 1 Ball im Tor liegt, setzt sich zusammen aus:
Spieler 1 (S_1) trifft, aber S_2 und S_3 nicht; S_2 trifft, aber S_1 und S_3 nicht; S_3 trifft, aber S_1 und S_2 nicht.
Damit erhalten wir für die Wahrscheinlichkeit, dass genau ein Ball im Tor liegt:
$$P(E) = \frac{1}{4} \cdot \frac{3}{7} \cdot \frac{1}{3} + \frac{3}{4} \cdot \frac{4}{7} \cdot \frac{1}{3} + \frac{3}{4} \cdot \frac{3}{7} \cdot \frac{2}{3} = \frac{1+4+3 \cdot 2}{28} = \frac{11}{28}$$

b) Das Ereignis, dass genau 2 Bälle im Tor liegen, setzt sich zusammen aus:
S_1 und S_2 treffen, aber S_3 nicht; S_1 und S_3 treffen, aber S_2 nicht; S_2 und S_3 treffen, aber S_1 nicht.
Damit erhalten wir für die Wahrscheinlichkeit, dass genau zwei Bälle im Tor liegen:
$$P(Z) = \frac{1}{4} \cdot \frac{4}{7} \cdot \frac{1}{3} + \frac{1}{4} \cdot \frac{3}{7} \cdot \frac{2}{3} + \frac{3}{4} \cdot \frac{4}{7} \cdot \frac{2}{3} = \frac{1}{21} + \frac{1}{14} + \frac{2}{7} = \frac{2+3+12}{42} = \frac{17}{42}$$

c) Das Ereignis, dass genau 1 oder 2 Bälle im Tor liegen, setzt sich aus der Vereinigung der beiden Einzelereignissen zusammen. Wir können also die Wahrscheinlichkeiten addieren und erhalten für die Wahrscheinlichkeit, dass ein oder zwei Bälle im Tor liegen:
$$P(E \cup Z) = \frac{11}{28} + \frac{17}{42} = \frac{33+34}{84} = \frac{67}{84}$$

$\frac{19}{21}$

Wir wollen das Gegenereignis auf 2 Arten berechnen:
1. Art nach den Axiomen der Wahrscheinlichkeiten:

$P(\overline{E \cup Z}) = 1 - P(E \cup Z) = 1 - \frac{67}{84} = \frac{17}{84}$

2. Art mithilfe der de Morganschen Regeln:
Das Gegenereignis von E ist $\overline{E}$ = {kein Ball, 2 oder 3 Bälle sind im Tor.}
Das Gegenereignis von Z ist $\overline{Z}$ = {kein Ball, 1 oder 3 Bälle sind im Tor.}
$\overline{E} \cap \overline{Z}$ = {kein Ball oder 3 Bälle sind im Tor.}

$P(\overline{E} \cap \overline{Z}) = \frac{3}{4} \cdot \frac{3}{7} \cdot \frac{1}{3} + \frac{1}{4} \cdot \frac{4}{7} \cdot \frac{2}{3} = \frac{3}{28} + \frac{2}{21} = \frac{9+8}{84} = \frac{17}{84}$

Wir sehen: Beide Berechnungsarten führen zum gleichen Ergebnis.

d) Die Wahrscheinlichkeit für A, dass drei Bälle im Netz liegen, d. h. alle treffen bei ihrem Versuch, ist:

$P(A) = \frac{1}{4} \cdot \frac{4}{7} \cdot \frac{2}{3} = \frac{2}{21}$

Lösungen zu Kapitel D

1. **Ebene mit Punkten, Anzahl der Dreiecke**
   In der Ebene sind 7 Punkte A, B, C, D, E, F und G verteilt.
   Da immer drei Punkte zu einem Dreieck gehören, lassen sich gemäß der Auswahl 3 aus 7 folgende Anzahl von Dreiecken auswählen (Binomialkoeffizient):
   $\binom{7}{3} = \frac{7 \cdot 6 \cdot 5}{3 \cdot 2 \cdot 1} = 35$

2. **Klassische Gewinnspiele**

   Lotto

   Beim Lottospiel 6 aus 49 werden nacheinander 6 von 49 Kugeln aus einer Trommel gezogen. Die Kugeln sind von 1 bis 49 durchnummeriert.

   ➤ Zuordnung zu den Urnenmodellen:
   Dies ist also ein *Ziehen ohne Berücksichtigung der Reihenfolge und ohne Wiederholung.*

   ➤ Wahrscheinlichkeit für einen Volltreffer:
   Anzahl der Tippreihen im Lottospiel 6 aus 49 (Binomialkoeffizient):
   $\binom{49}{6} = 13\,983\,816$

   $P(\text{Sechs}) = \frac{1}{13\,983\,816} \approx 0{,}715 \cdot 10^{-7}$

   Durch die Erweiterung auf „6 Richtige mit Superzahl" beträgt die Wahrscheinlichkeit für einen Super-Volltreffer:
   $P(\text{Sechs mit Superzahl}) = P(\text{Sechs}) \cdot \frac{1}{10} = \frac{1}{139\,838\,160} \approx 0{,}715 \cdot 10^{-8}$

   ➤ Berechnungen für 3 Richtige im Lottospiel:
   Drei Zahlen stammen aus der Menge der gezogenen Zahlen, drei aus den restlichen 43 Zahlen.
   Anzahl der Möglichkeiten (Binomialkoeffizienten):
   $\binom{6}{3} \cdot \binom{43}{3} = 246\,820$

   Wahrscheinlichkeit für 3 Richtige im Lotto:

   $P(\text{3 Richtige}) = \frac{246\,820}{13\,983\,816} \approx 0{,}017$

   Toto

   Beim Fußball-Toto sagt man den Ausgang von 11 Spielen voraus. Man kreuzt eine 1 an, wenn die erstgenannte Mannschaft siegt, eine 2 für die zweite Mannschaft und eine 0 für ein Unentschieden.

   ➤ Zuordnung zu den Urnenmodellen:
   Dies ist ein *Ziehen mit Berücksichtigung der Reihenfolge mit Wiederholung*.

   ➤ Wahrscheinlichkeit für einen Volltreffer:
   Anzahl der Tippreihen im Fußball-Toto:
   $3^{11} = 177\,147$

   $P(\text{Elf}) = \frac{1}{177\,147} \approx 0{,}565 \cdot 10^{-5}$

- Berechnungen für 10 Richtige im Fußball-Totospiel:
  Für die richtigen 10 Tipps gibt es 10 Möglichkeiten, für den falsche Tipp 2, also:
  $P(\text{Zehn}) = \frac{20}{177\,147} \approx 0{,}000113$

Pferdetoto

Beim Pferde-Toto muss man (jeweils für Rennen A und B) die ersten drei Pferde aus einem Feld von 15 Pferden in der richtigen Reihenfolge vorhersagen.

- Zuordnung zu den Urnenmodellen:
  Die ist ein *Ziehen mit Berücksichtigung der Reihenfolge ohne Wiederholung*.

- Wahrscheinlichkeit für einen Volltreffer:
  Anzahl der Tippreihen im Pferdetoto:
  $15 \cdot 14 \cdot 13 = 2730$
  $P(\text{Sieger123}) = \frac{1}{2730}$

- Wahrscheinlichkeit für die richtige Wahl des Siegpferdes im Pferde-Toto:
  $P(\text{Siegpferd}) = \frac{1 \cdot 13 \cdot 12}{15 \cdot 14 \cdot 13} = \frac{12}{210} = \frac{2}{35} \approx 0{,}057143$

3. **Prüfungsvorbereitung**

Das Ereignis B (bestanden) setzt sich aus den Elementarereignissen zusammen, dass der Prüfling 4 oder 5 Fragen richtig beantworten kann.
Der Lehrer trifft eine Auswahl 5 aus 40. Dies sind die mögliche Fälle für die Auswahl der Fragen.
Anzahl der möglichen Fälle (Binomialkoeffizient):

$$\binom{40}{5} = 658\,008$$

Günstig ist für den Schüler, wenn von den 5 gestellten Aufgaben 4 aus seiner 20er Auswahl sind und 1 aus den übrigen 20 oder 5 aus seiner 20er Auswahl sind.
Anzahl günstiger Fälle:

$$\binom{20}{4} \cdot \binom{20}{1} + \binom{20}{5} = 96\,900 + 15\,504 = 112\,404$$

Wahrscheinlichkeit P(B), dass der Prüfling besteht:

$$P(B) = \frac{112\,404}{658\,808} \approx 0{,}170824$$

Nur mit einer Wahrscheinlichkeit von weniger als 0,2 besteht der Prüfling die Prüfung, auch wenn er sich auf die Hälfte der Fragen vorbereitet!

Lösungen zu Kapitel E

1. **Urlaubswetter**
   Die Wahrscheinlichkeit beträgt:
   P(SW) = 0,4;
   somit gilt für das Gegenereignis:
   P(NSW) = 0,6.
   Dass man an 10 von 14 Tagen schönes Wetter hat, wird so berechnet:
   $P(SW) = \binom{14}{10} \cdot 0{,}4^{10} \cdot 0{,}6^{4} \approx 0{,}013603$
   Die Wahrscheinlichkeit, dass man an genau 10 Tagen schönes Wetter hat, liegt nur bei etwas mehr als 0,01.

2. **Geschwister**
   Analog zu oben verwenden wir wieder die Formel für die Bernoulli-Kette:
   $P(H) = \binom{4}{2} \cdot 0{,}5^{2} \cdot 0{,}5^{2} \approx 0{,}375$
   Die Wahrscheinlichkeit beträgt 0,375 und nicht, wie vielleicht erwartet, 0,5.

3. **Multiple-Choice-Test**
   Wieder verwenden wir die Formel für die Benoulli-Kette. Allerdings müssen wir hier auch die Möglichkeiten einschließem, dass der Kandidat einmal 6 von 8 Fragen richtig beantwortet, aber auch 7 von 8 bzw. alle 8 Fragen richtig beantwortet:
   $$P(B) = \binom{8}{6} \cdot \left(\frac{1}{4}\right)^{6} \cdot \left(\frac{3}{4}\right)^{2} + \binom{8}{7} \cdot \left(\frac{1}{4}\right)^{7} \cdot \left(\frac{3}{4}\right)^{1} + \binom{8}{8} \cdot \left(\frac{1}{4}\right)^{8} \cdot \left(\frac{3}{4}\right)^{0} \approx 0{,}004227$$
   Die Aussichten für unseren Kandidaten sind schlecht. Nur Raten hilft nicht weit. Die Wahrscheinlichkeit, den Test zu bestehen, liegt bei etwa 0,004.

4. **Wartung**
   Gemäß der Bernoulli-Formel erhalten wir:
   $P(R) = \binom{10}{5} \cdot \left(\frac{2}{10}\right)^{5} \cdot \left(\frac{8}{10}\right)^{5} \approx 0{,}026424$
   Man kann beruhigt sein. 5 von 10 Aufzüge müssen nur mit einer Wahrscheinlichkeit von etwa 0,026 gleichzeitig gewartet werden.

Lösungen zu Kapitel F

1. **Lostrommel mit 99 Losen**

a) Es gibt 33 Zahlen zwischen 1 und 99, die durch 3 teilbar sind:
Ereignis D = {x|x gewinnt, wenn $1 \leq x \leq 99$ und x durch 3 teilbar}

$P(D) = \frac{33}{99} = \frac{1}{3}$

20, 50 und 70 sind drei Zahlen von den 99 Zahlen zwischen 1 und 99:
Ereignis H = {x|x hat Hauptpreis, wenn x = 20 oder x = 50 oder x = 70}

$P(H) = \frac{3}{99} = \frac{1}{33}$

$D \cap H = \{\ \}$, also gilt:
$P(D \cup H) = P(D) + P(H) = \frac{1}{3} + \frac{1}{33} = \frac{12}{33}$

b) Es gibt 9 Zahlen zwischen 1 und 99, die durch 11 teilbar sind:
Ereignis E = {x|x hat Hauptpreis, wenn $1 \leq x \leq 99$ und x durch 11 teilbar}

$P(E) = \frac{9}{99} = \frac{1}{11}$

Da $D \cap E = \{33, 66, 99\} \neq \{\ \}$ und $P(D \cap E) = \frac{3}{99} = \frac{1}{33}$, gilt also:

$P(D \cup E) = P(D) + P(E) - P(D \cap E) = \frac{1}{3} + \frac{1}{11} - \frac{1}{33} = \frac{13}{33}$

2. **Primzahlen**

a) Folgende 8 Zahlen von 1 bis 20 sind Primzahlen: 2, 3, 5, 7, 11, 13, 17 und 19.
Damit erhalten wir für die Wahrscheinlichkeit, eine Primzahl zu ziehen:

$P(Pr) = \frac{8}{20} = \frac{2}{5}$

b) Die Hälfte der Zahlen von 1 bis 20 sind gerade, also erhalten wir:

$P(Gr) = \frac{10}{20} = \frac{1}{2}$

c) $P(Pr \cup Gr) = P(Pr) + P(Gr) - P(Pr \cap Gr) = \frac{8}{20} + \frac{10}{20} - \frac{1}{20} = \frac{17}{20}$

Es darf nicht übersehen werden, dass es eine gerade Primzahl (nämlich die 2) zwischen 1 und 20 gibt.

3. **Hausgeräte**

$P(W) = 0{,}96 = \frac{96}{100}$ $\quad$ $P(T) = 0{,}62 = \frac{62}{100}$

$P(W \cap T) = 0{,}61 = \frac{61}{100}$ $\quad$ $P(W \cup T) = P(W) + P(T) - P(W \cap T) = \frac{96}{100} + \frac{62}{100} - \frac{61}{100} = \frac{97}{100}$

4. **Jeansfabrikation**

Ereignis N: Nähfehler
Wahrscheinlichkeit für einen Nähfehler: $P(N) = \frac{4}{60} = \frac{1}{15}$
Ereignis M: Materialfehler
Wahrscheinlichkeit für einen Materialfehler: $P(M) = \frac{7}{60}$
Ereignis $N \cap M$: Näh- und Materialfehler
Wahrscheinlichkeit für einen Näh- und Materialfehler: $P(N \cap M) = \frac{3}{60} = \frac{1}{20}$

Damit lässt sich die Wahrscheinlichkeit für mindestens einen Fehler
(Näh- oder Materialfehler) berechnen:
$P(N \cup M) = P(N) + P(M) - P(N \cap M) = \frac{4}{60} + \frac{7}{60} - \frac{3}{60} = \frac{8}{60} = \frac{2}{15}$.

Lösungen zu Kapitel G

1. **Urnenmodell**
   a) Es soll die Wahrscheinlichkeit für drei gleiche Kugeln berechnet werden:
   P(G) = P({(r|r|r), (ge|ge|ge)}
   Drei grüne Kugeln können nicht gezogen werden, da nur 2 vorhanden sind.
   Somit erhalten wir:
   $P(G) = \frac{5}{10} \cdot \frac{4}{9} \cdot \frac{3}{8} + \frac{3}{10} \cdot \frac{2}{9} \cdot \frac{1}{8} = \frac{11}{120}$
   b) Zur Vereinfachung berechnen wir, wie viele Möglichkeiten es gibt, im 3. Zug eine grüne Kugel zu ziehen:
   $5 \cdot 4 \cdot 2 + 5 \cdot 3 \cdot 2 + 5 \cdot 2 \cdot 1 + 3 \cdot 5 \cdot 2 + 3 \cdot 2 \cdot 2 + 3 \cdot 2 \cdot 1 + 2 \cdot 5 \cdot 1 + \cdot 2 \cdot 3 \cdot 1 = 144$
   Für die Wahrscheinlichketi, im 3. Zug eine grüne Kugel zu ziehen, erhalten wir dann:
   $P(gr3) = \frac{144}{720} = \frac{2}{10} = 0{,}2$

2. **Gute Noten**
   Wir erstellen eine Vierfelder-Tafel:

Noten in %	gute Chemienote **Ch**	keine gute Chemienote **Ch**	Zeilensummen
gute Physiknote **Ph**	10	5	15
keine gute Physiknote **Ph**	10	75	85
Spaltensumme	20	80	100

   a) $P(Ch|Ph) = \frac{10}{15} = \frac{1}{3}$

   b) $P(Ph|Ch) = \frac{10}{20} = \frac{1}{2}$

   c) $P(Ch \cup Ph) = \frac{25}{100} = \frac{1}{4}$

3. **Auswahltest Berufsanfänger**
   Wir erstellen wieder eine Vierfelder-Tafel:

Angaben in %	guter Test **T**	kein guter Test **nT**	Zeilensummen
Abschluss **A**	59,5	10,5	70
kein Abschluss **kA**	3	27	30
Spaltensumme	62,5	37,5	100

$P(kA|nT) = \frac{27}{37,5} \approx 0,73$

Etwa 73 % der Jugendlichen mit schlechtem Testergebnis erreichen den Abschluss der Berufsausbildung nicht.

$P(A|T) = \frac{59,5}{62,5} \approx 0,952$

Etwa 95 % der Jugendlichen mit gutem Testergebnis erreichen den Abschluss der Berufsausbildung.
Der Test ist brauchbar, denn für die Jugendlichen, die bestanden haben, bestehen gute Aussichten, auch den Abschluss zu schaffen.

4. **Ziegenproblem**
Als Anfangssituation gilt:

$P(A_1) = P(A_2) = P(A_3) = \frac{1}{3}$

Ebenso kann vorausgesetzt werden:

- $P(S_2|A_2) = 0$, denn der Spielleiter öffnet nicht die Tür, hinter der das Auto steht.
- $P(S_2|A_1) = \frac{1}{2}$, denn der Spielleiter kann zwischen Tür 2 und 3 wählen;
- $P(S_2|A_3) = 1$, denn der Spielleiter öffnet nicht die Autotür, also Tür 3.

Nun berechnen wir $P(A_3|S_2)$:

$$P(A_3|S_2) = \frac{P(S_2|A_3) \cdot P(A_3)}{P(S_2|A_1) \cdot P(A_1) + P(S_2|A_2) \cdot P(A_2) + P(S_2|A_3) \cdot P(A_3)} = \frac{\frac{1}{3}}{\frac{1}{6} + 0 + \frac{1}{3}} = \frac{2}{3}$$

Zur Kontrolle berechnen wir das Gegenereignis $P(A_1|S_2)$:

$$P(A_1|S_2) = \frac{P(S_2|A_1) \cdot P(A_1)}{P(S_2|A_1) \cdot P(A_1) + P(S_2|A_2) \cdot P(A_2) + P(S_2|A_3) \cdot P(A_3)} = \frac{\frac{1}{2}}{\frac{1}{2} + 0 + 1} = \frac{\frac{1}{2}}{\frac{3}{2}} = \frac{1}{3}$$

Es ist also günstiger, wenn man die Tür wechselt, anstatt bei der zuerst gewählten Tür zu bleiben.

Lösungen zu Kapitel H

1. **Flaschenkontrolle**
   Es kann angenommen werden, dass die drei möglichen Fehlerquellen sich nicht gegenseitig beeinflussen. Also sind die Ereignisse von einander unabhängig. Um nun die Wahrscheinlichkeit dafür, dass eine Flasche wegen einem der drei Gründen auszusondern ist, berechnen wir das Gegenereignis, dass die Flasche alle Prüfkriterien erfüllt. Damit können wir den Multiplikationssatz anwenden:
   $P(ok) = \frac{7}{8} \cdot \frac{14}{15} \cdot \frac{19}{29} = \frac{931}{1200} \approx 0{,}776$
   Für das Ereignis „nicht ok" greifen wir wieder auf die Axiome der Wahrscheinlichkeiten zurück:
   $P(nok) = 1 - P(ok) = 1 - 0{,}776 = 0{,}224$

2. **Elektrogeräte aus 5 Bauteilen**
   Wahrscheinlichkeit für das Ereignis KD, dass kein Bauteil defekt ist:
   $P(KD) = 0{,}97 \cdot 0{,}9 \cdot 0{,}95 \cdot 0{,}99 \cdot 0{,}85 \approx 0{,}698$

3. **Nachrichtenübertragung**
   Wahrscheinlichkeit für das Ereignis E, dass die Nachricht richtig empfangen wird:
   $P(E) = 0{,}98 \cdot 0{,}98 \cdot 0{,}98 \cdot 0{,}98 \approx 0{,}904$

Lösungen zu Kapitel I

1. **Zufallszahlentabelle**
   Da das Ergebnis dieser Aufgabe davon abhängt, welche 8-stellige Ausgangszahl gewählt wird, kann hier keine Lösung angegben werden.
   Der Algorithmus für die Berechnung ist in Kapitel I Abschnitt 2 vorgegeben.

2. **Taschenlampen**
   Zu a) und b):
   Die Simulation der Proben liefert bei jedem Leser ein anderes Ergebnis je nach Wahl der Zufallszahlen. Deshalb kann hier keine Lösung angegeben werden.
   c) Berechnung nach der Bernoulli-Formel für das Ereignis „D20", dass genau 20 Taschenlampen ohne Batterien eingepackt wurden:
   $$P(D_{20}) = \binom{96}{20} \cdot \left(\frac{1}{6}\right)^{20} \cdot \left(\frac{5}{6}\right)^{76} \approx 0{,}056757$$
   d) Berechnung nach der Bernoulli-Formel für das Ereignis „$D \leq 2$":
   $$P(D \leq 2) = \binom{24}{0} \cdot \left(\frac{1}{6}\right)^{0} \cdot \left(\frac{5}{6}\right)^{24} + \binom{24}{1} \cdot \left(\frac{1}{6}\right)^{1} \cdot \left(\frac{5}{6}\right)^{23} + \binom{24}{2} \cdot \left(\frac{1}{6}\right)^{2} \cdot \left(\frac{5}{6}\right)^{22} \approx 0{,}211832$$

Lösungen zu Kapitel J

Aufgabe 1

Teil A

1. und 2.

Anzahl der Raucher pro Tisch: n	**0**	**1**	**2**	**3**	**4**	**5**	**6**
Anzahl der Tische mit n Raucher	4	4	4	5	2	1	0
h(n)	$\frac{1}{5}$	$\frac{1}{5}$	$\frac{1}{5}$	$\frac{1}{4}$	$\frac{1}{10}$	$\frac{1}{20}$	0
%	20	20	20	20	10	5	0

3. Raucher: $4 \cdot 0 + 4 \cdot 1 + 4 \cdot 2 + 5 \cdot 3 + 2 \cdot 4 + 1 \cdot 5 + 0 \cdot 6 = 40$
   Gäste: $20 \cdot 6 = 120$
   In dem Lokal sind 40 der 120 Gäste Raucher. Das entspricht 33 %.

4. $\frac{4 \cdot 0 + 4 \cdot 1 + 4 \cdot 2 + 5 \cdot 3 + 2 \cdot 4 + 1 \cdot 5 + 0 \cdot 6}{20} = 2$

   Es gibt im Mittel 2 Raucher pro Tisch.
   Median: 0 0 0 0 1 1 1 1 2 2 2 2 3 3 3 3 3 4 4 5.
   Der Median beträgt ebenso 2.

Teil B

An diesem Tisch saßen 3 Raucher und 3 Nichtraucher. Die Wahrscheinlichkeit dafür, dass ein **R**aucher an der Garderobe wartet, beträgt ebenso wie die Wahrscheinlichkeit, dass ein Nichtraucher dort wartet, P(**R**) = P(**Nr**) = $\frac{1}{2}$.

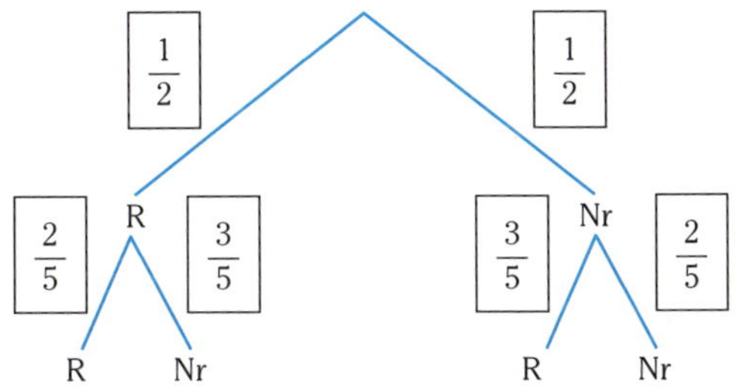

1. Wahrscheinlichkeit für das Ereignis RR, dass zwei Raucher miteinander reden:
   $P(RR) = \frac{1}{2} \cdot \frac{2}{5} = \frac{1}{5}$

2. Wahrscheinlichkeit für das Ereignis RNr, dass ein Nichtraucher und ein Raucher miteinander reden:
   $P(RR) = \frac{1}{2} \cdot \frac{3}{5} \cdot \frac{1}{2} \cdot \frac{3}{5} = \frac{3}{5}$

3. Das Ereignis NrNr, dass ein Nichtraucher und ein Nichtraucher miteinander reden, ist das Gegenereignis zum Oder-Ereignis der beiden unvereinbaren Ereignisse R und Nr, also ist $P(NrNr) = 1 - (P(R) + P(Nr)) = 1 - (\frac{1}{5} + \frac{3}{5}) = \frac{1}{5}$.

   Mithilfe des bereits vorhandenen Baumdiagramms lässt sich diese Wahrscheinlichkeit genauso schnell berechnen.

Teil C

Mithilfe der Bernoulli-Formeln berechnen wir:

1. Die Wahrscheinlichkeit P(4R2Nr) für 4 Raucher und 2 Nichtraucher am Tisch mit 6 Personen:
   $P(4R2Nr) = \binom{6}{4} \cdot \left(\frac{1}{3}\right)^4 \cdot \left(\frac{2}{3}\right)^2 = \frac{20}{243}$
2. Die Wahrscheinlichkeit P(4Nr) für 4 Nichtraucher am Tisch mit 4 Personen:
   $P(4Nr) = \binom{4}{4} \cdot \left(\frac{1}{3}\right)^0 \cdot \left(\frac{2}{3}\right)^4 = \frac{16}{81}$

Aufgabe 2

Teil A

1. Ergebnismenge S = {4, 5, 6, 7, 8, 9, 10, 11, 12}.

2.

Augensummen	12	11	10	9	8	7	6	5	4	Summe
absolute Häufigkeit	9	5	10	12	13	10	6	3	4	72
relative Häufigkeit	$\frac{1}{8}$	$\frac{5}{72}$	$\frac{5}{36}$	$\frac{1}{6}$	$\frac{13}{72}$	$\frac{5}{36}$	$\frac{1}{12}$	$\frac{1}{24}$	$\frac{1}{18}$	

3. Arithmetisches Mittel:
   $$\frac{9 \cdot 12 + 5 \cdot 11 + 10 \cdot 10 + 12 \cdot 9 + 13 \cdot 8 + 10 \cdot 7 + 6 \cdot 6 + 3 \cdot 5 + 4 \cdot 4}{72} = \frac{612}{72} = 8{,}5$$

   Median: Beim Erstellen einer sortierten Liste stehen an 36. und 37. Stelle eine 8 und eine 9. Der Median kann also gewählt werden als 8 oder als 9 oder als einen Wert zwischen 8 und 9.

4. Varianz:
   $$\frac{9 \cdot 3{,}5^2 + 5 \cdot 2{,}5^2 + 10 \cdot 1{,}5^2 + 12 \cdot 0{,}5^2 + 13 \cdot 0{,}5^2 + 10 \cdot 1{,}5^2 + 6 \cdot 2{,}5^2 + 3 \cdot 3{,}5^2 + 4 \cdot 4{,}5^2}{2} = 4{,}833333$$

   Standardabweichung:
   $\sqrt{4{,}833333} = 2{,}198484$

5. Säulendiagramm

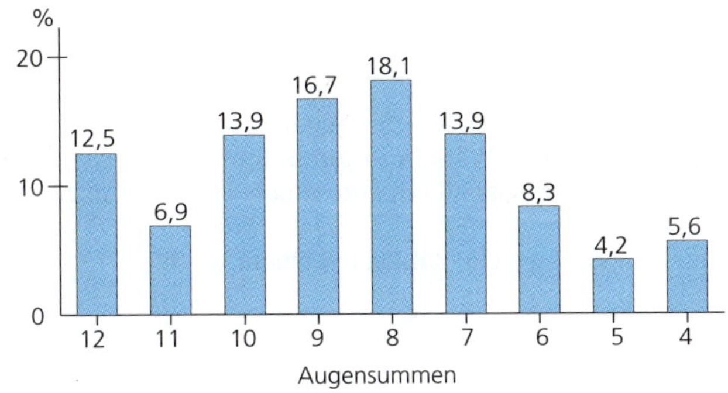

Teil B

1.

Augensumme	**6**	**2**	**3**	**4**	**5**	**6**
6	12	8	9	10	11	12
2	8	4	5	6	7	8
3	9	5	6	7	8	9
4	10	6	7	8	9	10
5	11	7	8	9	10	11
6	12	8	9	10	11	12

Da ein fairer Würfel vorliegt, ist jedes der 36 Elementarereignisse gleichwahrscheinlich. Es braucht nur in obiger Tabelle abgelesen zu werden, wie oft eine Augensumme auftritt beim Würfeln mit zwei Würfeln. Dies sind die „günstigen Fälle“. 36 ist die Anzahl der möglichen Fälle.

$P(12) = \frac{4}{36} = \frac{1}{9}$ $P(11) = \frac{4}{36} = \frac{1}{9}$ $P(10) = \frac{5}{36}$ $P(9) = \frac{6}{36} = \frac{1}{6}$

$P(8) = \frac{7}{36}$ $P(7) = \frac{4}{36} = \frac{1}{9}$ $P(6) = \frac{3}{36} = \frac{1}{12}$ $P(5) = \frac{2}{36} = \frac{1}{18}$

$P(4) = \frac{1}{36}$

2. Siehe Eintrag in das Säulendiagramm.

3. Das Zufallsexperiment „Würfeln mit zwei Würfeln“ wurde von den Freunden „nur“ 72-mal durchgeführt. Diese Anzahl ist zu gering, um relative Häufigkeit (die aus der Erfahrung gewonnene Wahrscheinlichkeit) und berechnete mathematische Wahrscheinlichkeit übereinstimmen zu lassen. Nicht ohne Grund heißt das Prinzip, das eine Annäherung der beiden Größen ausdrückt, „Gesetz der großen Zahl“.

4. Die Wahrscheinlichkeit für einen Doppelsechser ist die Wahrscheinlichkeit für die Augensumme 12. Die Wahrscheinlichkeit für die „12“ als Augensumme beträgt $\frac{1}{9}$.

Da das Ergebnis eines jeden Würfelergebnisses vom anderen unabhängig ist, berechnet sich die Wahrscheinlichkeit für 2 Doppelsechser nach dem einfachen Multiplikationssatz als Produkt der Einzelwahrscheinlichkeiten.

$P(\text{Doppelsechs}) = \frac{1}{9} \cdot \frac{1}{9} = \frac{1}{81}$.

5. Wir zählen in obiger Tabelle die Anzahl der Augensummen, die aufgrund von zwei gleichen Zahlen auf den beiden Würfeln zustande kommen. Diese beträgt 14, die Anzahl der günstigen Fälle. Es gibt 36 Augensummen, 36 ist die Anzahl der möglichen Fälle.
Wahrscheinlichkeit für zwei gleiche Zahlen bei einem Wurf:

$P(gZ) = \frac{14}{36} = \frac{7}{18}$

Aufgabe 3

1.

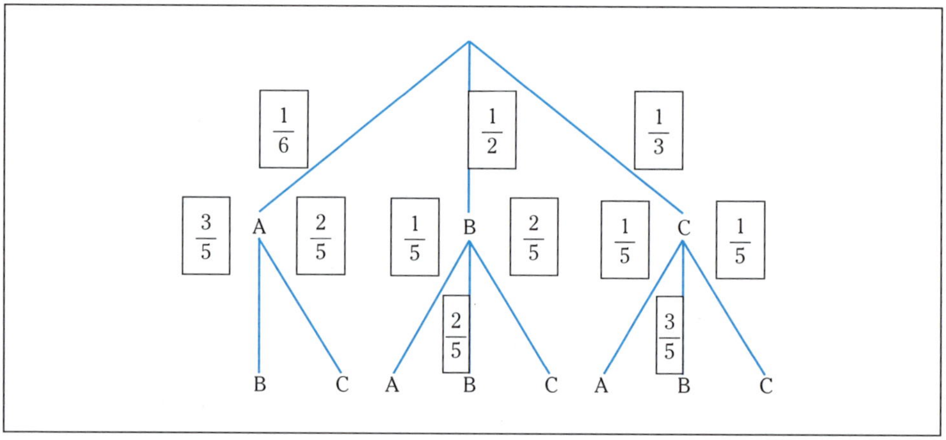

Elementarereignisse: S = {AB, AC, BA, BB, BC, CA, CB, CC}.

2. Wahrscheinlichkeit der Elementarereignisse berechnet nach der Pfadregel:

$P(AB) = \frac{1}{6} \cdot \frac{3}{5} = \frac{1}{10}$ $P(AC) = \frac{1}{6} \cdot \frac{2}{5} = \frac{1}{15}$ $P(BA) = \frac{1}{2} \cdot \frac{1}{5} = \frac{1}{10}$

$P(BB) = \frac{1}{2} \cdot \frac{2}{5} = \frac{1}{5}$ $P(BC) = \frac{1}{2} \cdot \frac{2}{5} = \frac{1}{5}$ $P(CA) = \frac{1}{3} \cdot \frac{1}{5} = \frac{1}{15}$

$P(CB) = \frac{1}{3} \cdot \frac{3}{5} = \frac{1}{5}$ $P(CC) = \frac{1}{3} \cdot \frac{1}{5} = \frac{1}{15}$

3. Wahrscheinlichkeit berechnet nach der Pfadregel:

$P(E) = P(BB) + P(CC) = \frac{1}{5} + \frac{1}{15} = \frac{4}{15}$

$P(D) = P(AB) + P(AC) = \frac{1}{10} + \frac{1}{15} = \frac{5}{30} = \frac{1}{6}$

$P(F) = P(AB) + P(BA) = \frac{1}{10} + \frac{1}{10} = \frac{2}{10} = \frac{1}{5}$

Teil B

1. Da Gleichwahrscheinlichkeit vorliegt, können wir die Wahrscheinlichkeit berechnen als Anzahl der günstigen Fälle durch Anzahl der möglichen Fälle.

$P(\text{rote Kugel}) = \frac{2000}{6000} = \frac{1}{3}$ $P(\text{blaue Kugel}) = \frac{2000}{6000} = \frac{1}{3}$

$P(\text{grüne Kugel}) = \frac{1000}{6000} = \frac{1}{6}$ $P(\text{weiße Kugel}) = \frac{1000}{6000} = \frac{1}{6}$

2. $P(R) = \binom{3}{1} \cdot \left(\frac{1}{3}\right) \cdot \left(\frac{2}{3}\right)^2 = \frac{4}{9} \approx 0{,}444444$

$P(T) = \binom{3}{3} \cdot \left(\frac{1}{3}\right)^3 \cdot \left(\frac{2}{3}\right)^0 = \frac{1}{27} \approx 0{,}037037$

$P(V) = \binom{3}{0} \cdot \left(\frac{1}{6}\right)^0 \cdot \left(\frac{5}{6}\right)^3 = \frac{125}{216} \approx 0{,}578770$

Teil C

1. Nach der Pfadregel berechnet:

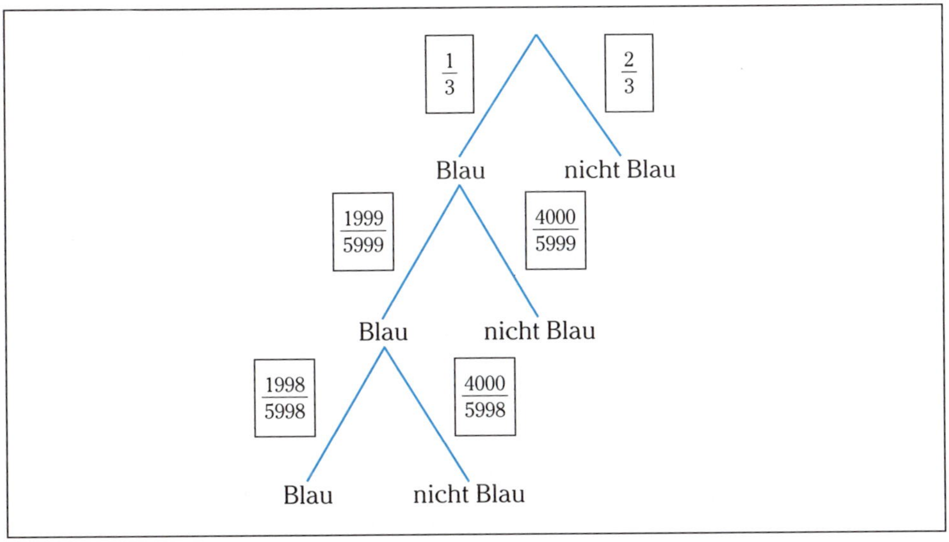

$P(T) = \frac{1 \cdot 1999 \cdot 1998}{3 \cdot 5999 \cdot 5998} = 0{,}037$

2. Der Unterschied zwischen dem mit der Bernoulli-Formel und dem mithilfe eines Baumdiagramms und der Pfadregel berechneten Wertes beträgt etwa 0,000037, ist also sehr klein.

3. Der Unterschied zwischen einem mit der Bernoulli-Formel und einem mithilfe eines Baumdiagramms und der Pfadregel berechneten Wertes, ist klein, wenn die Gesamtmenge sehr viel kleiner ist als die Entnahmemenge, hier also 6000 und 3.

Aufgabe 4

1. 6 getippte Zahlen, mögliche Tippreihen: 6er Auswahl aus 49:

   $\binom{49}{6}$

   für Herrn Müller günstige Tippreihen bei „5 Richtige“:
   5er Auswahl aus den 6 getippten Zahlen und 1er Auswahl aus den übrigen 43 nicht getippten Zahlen

   $\binom{6}{5} \cdot \binom{43}{1}$

   Es liegt Gleichwahrscheinlichkeit vor:

   $$P(1.\ \text{Tippreihe}) = \frac{\binom{6}{5} \cdot \binom{43}{1}}{\binom{49}{6}} \approx 1{,}84499 \cdot 10^{-5}$$

2. 5 getippte Zahlen, mögliche Tippreihen: 6er Auswahl aus 49:

   $\binom{49}{6}$

   Herrn Müller günstige Tippreihen bei „5 Richtige“:
   5er Auswahl aus den 5 getippten Zahlen und 1er Auswahl aus den übrigen 44 nicht getippten Zahlen

   $\binom{5}{5} \cdot \binom{44}{1}$

   Es liegt Gleichwahrscheinlichkeit vor:

   $$P(2.\ \text{Tippreihe}) = \frac{\binom{5}{5} \cdot \binom{44}{1}}{\binom{49}{6}} \approx 3{,}146494 \cdot 10^{-6}$$

3. 5 getippte Zahlen und 1 Zahl von der Lottogesellschaft, mögliche Tippreihen: 6er Auswahl aus 49:

   $\binom{49}{6}$

   für Herrn Müller günstige Tippreihen bei „5 Richtige“:
   5er Auswahl aus den 5 getippten Zahlen und 1er Auswahl aus den übrigen 43 nicht getippten Zahlen, wobei die von der Lottogesellschaft angekreuzte Zahl auch nicht zur Verfügung steht, sowie
   4er Auswahl aus den 5 getippten Zahlen und die von der Lottogesellschaft angekreuzte Zahl, sowie 1er Auswahl aus den übrigen 43 nicht getippten Zahlen:

   $\binom{5}{5} \cdot \binom{43}{1} + \binom{5}{4} \cdot \binom{43}{1}$

   Es liegt Gleichwahrscheinlichkeit vor:

   $$P(2.\ \text{Tippreihe} + \text{Lottotipp}) = \frac{\binom{5}{5} \cdot \binom{43}{1} + \binom{5}{4} \cdot \binom{43}{1}}{\binom{49}{6}} \approx 1{,}84499 \cdot 10^{-5}$$

4. Die Wahrscheinlichkeit für das Ereignis „5 Richtige" bei einem Tipp mit 6 angekreuzten Zahlen ist gleich wie die Wahrscheinlichkeit für das Ereignis „5 Richtige", wenn nur 5 Zahlen angekreuzt sind und die Lottogesellschaft eine vorher vereinbarte Zahl zusätzlich markiert.
Sind nur 5 Zahlen angekreuzt und keine wird von der Lottogesellschaft zusätzlich markiert, so ist die Wahrscheinlichkeit für „5 Richtige" sehr viel geringer, und zwar um fast das Sechsfache. Diesen Nachteil gleicht die Lottogesellschaft aus (als Service).

Aufgabe 5

1.

k richtige Antworten	**5**	**4**	**3**	**2**	**1**	**0**	**Summe**
Anzahl der Schüler mit k richtigen Antworten	6	15	20	12	6	1	60
relative Häufigkeit	$\frac{1}{10}$	$\frac{1}{4}$	$\frac{1}{3}$	$\frac{1}{5}$	$\frac{1}{10}$	$\frac{1}{60}$	1

2. Arithmetisches Mittel:

$$\frac{6 \cdot 5 + 15 \cdot 4 + 20 \cdot 3 + 12 \cdot 2 + 6 \cdot 1 + 1 \cdot 0}{60} = 3$$

3. $6 \cdot 5 + 15 \cdot 4 + 20 \cdot 3 + 12 \cdot 2 + 6 \cdot 1 + 1 \cdot 0 = 180$
Aufgaben wurden richtig bearbeitet. $5 \cdot 60 = 300$ Aufgaben sind zu Bearbeitung ausgegeben worden.
Die Wahrscheinlichkeit, gewonnen als relative Häufigkeit, beträgt also
$P(\text{Aufgabe}) = \frac{180}{300} = 0{,}6$

Teil B

1. $P(R) = \binom{5}{5} \cdot 0{,}52^5 \cdot 0{,}48^0 = 0{,}03802$

$P(T) = \binom{5}{0} \cdot 0{,}52^0 \cdot 0{,}48^5 = 0{,}02548$

$P(W) = \binom{5}{0} \cdot 0{,}52^0 \cdot 0{,}48^5 + \binom{5}{1} \cdot 0{,}52^1 \cdot 0{,}48^4 \approx 0{,}163499$

$P(U) = \binom{5}{5} \cdot 0{,}52^5 \cdot 0{,}48^0 + \binom{5}{4} \cdot 0{,}52^4 \cdot 0{,}48^1 \approx 0{,}21349$

$P(V) = \binom{5}{2} \cdot 0{,}52^2 \cdot 0{,}48^3 \approx 0{,}299041$

2. Schriftliche Prüfung bestanden, dies entspricht dem Ereignis U.

Teil C

1.

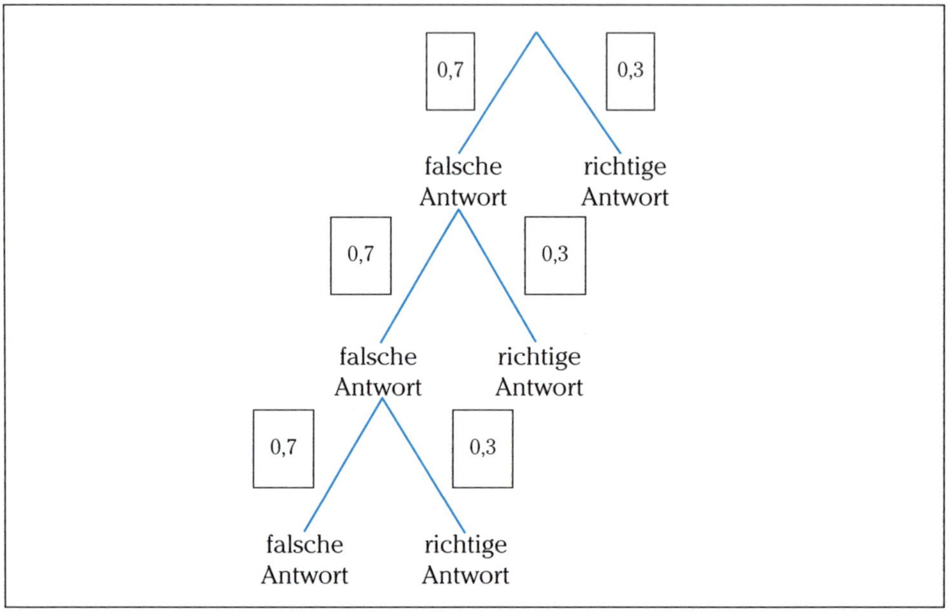

Wahrscheinlichkeit für das Bestehen der mündlichen Prüfung, berechnet nach der Pfadregel: $0{,}3 + 0{,}7 \cdot 0{,}3 + 0{,}7 \cdot 0{,}7 \cdot 0{,}3 = 0{,}657$

2. Bestehen der Abschlussprüfung bedeutet, dass entweder die schriftliche Prüfung bestanden wurde oder die schriftliche Prüfung mit 2 oder 3 richtig bearbeiteten Aufgaben gewertet und dann die mündliche Prüfung bestanden wurde.
Nach den Regeln für bedingte Wahrscheinlichkeit und unvereinbare Ereignisse lässt sich die Wahrscheinlichkeit für das Bestehen der Abschlussprüfung berechnen durch:
Wahrscheinlichkeit, 3 Aufgaben bei der schriftlichen Prüfung richtig zu haben:
Gegenereignis zu dem Oder-Ereignis von U ,V und W, also:
$1 - (P(U) + P(V) + P(W)) = 1 - (0{,}163499 + 0{,}299041 + 0{,}213499) = 0{,}323961$

Wahrscheinlichkeit, 2 oder 3 Aufgaben bei der schriftlichen Prüfung richtig zu haben:
$0{,}323961 + 0{,}299041 = 0{,}623002$
Prüfung bestehen mit der mündlichen Prüfung:
$0{,}623002 \cdot 0{,}657 = 0{,}409312$

Prüfung insgesamt bestehen:
$0{,}213499 + 0{,}409312 = 0{,}622811$

Insgesamt beträgt die Wahrscheinlichkeit für das Bestehen der Abschlussprüfung 0,622811 oder mehr als 62 % der Schüler bestehen die Abschlussprüfung.